河湖生态流量管理理论与实践

朱乾德　著

中国原子能出版社

图书在版编目（CIP）数据

河湖生态流量管理理论与实践 / 朱乾德著. -- 北京:
中国原子能出版社，2019.12 （2021.10重印）
ISBN 978-7-5221-0326-6

Ⅰ. ①河… Ⅱ. ①朱… Ⅲ. ①河流一水资源管理②湖泊一水资源管理 Ⅳ. ①TV213.4

中国版本图书馆CIP数据核字(2019)第300181号

河湖生态流量管理理论与实践

出版发行 中国原子能出版社（北京市海淀区阜成路43号 100048）
责任编辑 杨晓宇
责任印刷 潘玉玲
印　　刷 三河市明华印务有限公司
经　　销 全国新华书店
开　　本 787 毫米 × 1092 毫米 1/16
印　　张 8.375
字　　数 136 千字
版　　次 2019 年 12 月第 1 版
印　　次 2021 年 10 月第 2 次印刷
标准书号 ISBN 978-7-5221-0326-6
定　　价 48.00 元

网址：http//www.aep.com.cn　　E-mail:atomep123@126.com
发行电话：010-68452845

前　言

保障河湖生态流量对维护国家水安全、生态安全及国家安全意义重大。科学合理地确定不同区域、不同类型的河湖生态流量，是当前及今后一个时期生态流量保障和水资源管理领域的重大课题。

首先，随着社会经济的迅猛发展，人类对于水资源的开发利用量不断增加，致使人类对流域以及生态系统的干扰程度不断加大，甚至超出了环境的承载能力，进而衍生出一系列的环境与生态问题。科学地开发、利用与管理水资源是当前急需解决的关键问题。

其次，作为水资源开发利用的重要约束性指标，河流生态流量的保障是实现水资源可持续利用和水生态保护的前提和基础，是水资源保护、利用、管理中的核心内容，是水生态文明建设的重要组成部分，河湖生态流量保障已经上升到国家战略高度。

国家高度重视生态文明建设，提出要像对待生命一样对待生态环境，将建设生态文明列为中华民族永续发展的千年大计。党的十九大报告将人与自然和谐共生作为新时代坚持和发展中国特色社会主义的基本方略。新时代赋予水资源、水生态保护工作的新的使命，人民日益增长的美好生活需要对水资源、水生态保护提出了更高要求。

再次，江、河、湖、海在中国领土面积中，所占比例巨大，同时兼具调节气候和改善大气环境的作用，建设良好的“水生态”环境对推动产业高品质发展和人与自然和谐共处具有深远意义。

随着“绿水青山就是金山银山”等生态文明建设理念逐渐深入人心，人们对享受以确保河湖生态流量（水位）（简称“生态流量”）为基本需求的美好生态环境愿景越来越强烈，缓解经济社会用水与生态用水之间的矛盾，是当前及今后水利改革发展面临的主要挑战之一。

最后，水是人类生产生活的重要载体，也是生态环境的控制性要素，水资源禀赋特点直接决定了河湖生态环境的基本情况。科学合理地确定生态流量目标，因地制宜地保障和监管生态流量工作的实施，是目前亟须解决的问题。

笔者在撰写本书的过程中，借鉴了许多前辈的研究成果，在此表示衷心的感谢。由于笔者水平有限，加之撰写时间仓促，书中难免存在不妥和疏漏之处，恳请广大读者批评指正。

目　录

第一章　生态流量

国家高度重视生态文明建设，提出绿水青山就是金山银山，要求“共抓大保护”。我国生态流量涉及河流的气候地形地貌条件、区域经济社会发展阶段和经济结构、河湖管理、水库水电站建设运行、社会管理执行力、基础理论和计算方法研究等方面，是一个十分复杂的问题，需要系统研究、出台政策措施、强化生态调度、加强监督管理。

第一节　生态流量的产生缘由和基本概念

一、生态流量的产生缘由

河湖本身不存在生态流量问题，因为水生动植物本来就是根据河湖生境而自然产生、成长和繁衍。

长期以来，由于人类在河湖内外用水需求日益增加，不断占用自然生态系统依赖的河湖水量，从而出现了所谓的生态流量问题。

国内外有许多因生态需水得不到满足而给地区经济、社会、环境带来突出的生态问题或造成生态灾难的典型案例。

（1）黄河下游在 1972—1998 年的 27 年间，有 21 年断流，导致河道生态严重受损。

（2）淮河及洪泽湖 3 次干涸，南四湖也多次见底，周边地区的生产、生活及环境受到较大影响。

（3）塔里木河下游曾因常年断流造成大片胡杨林死亡。

（4）黑河下游断流也导致东、西居延海干涸。

（5）中亚地区因大规模灌溉使锡尔河、阿姆河流入咸海的水量锐减，导致咸海湖面面积减少 80% 以上，造成严重的生态灾难。

二、生态流量的基本概念

我国现有的有关文件或技术标准中提到过生态流量概念，但都未见到标准术语或定义。

专家层面众说纷纭，没有达成一致意见和形成统一的概念或定义，但承认有狭义和广义之分，即分为河湖内与河湖内外。

（1）中国科学院刘昌明院士提出，生态流量为河流、湿地或河口区域实现一定的目标所提供的水量[①]。

自然条件下，是维护其生态系统的功能。人类活动影响下，是寻求各种水用途之间的最佳平衡，保持区域可持续发展。

（2）水利部长江水利委员会长江科学院陈进认为，生态流量是维持河流生态与环境需要的最小流量，主要针对维持河流自然生态系统最基本的需要（狭义概念）。

狭义生态流量加上下游人们生产、生活和环境需要的小流量（广义概念）。

（3）澳大利亚、南非等国家定义为，维持河流生态完整性和生物多样性的流量状况，或生态流量是留给河流自身用水需求的水量。

（4）世界自然保护联盟提出，生态流量是在用水矛盾突出且用水量可调度的河流、湿地和沿海区域，为维护正常的生态系统及功能所拥有的水量。

（5）2007年在澳大利亚召开的国际环境流量大会发布的《布里斯班宣言》中，把环境流量定义为“维持淡水、河口生态系统以及依赖于这些生态系统的人类宜居环境所需要的水流数量、过程和质量”。

可见，生态流量是维系河湖生物多样性健康可持续的流量，保持河道形态稳定的输沙流量，保持河湖水质要求的污染物降解流量，维持河口咸淡平衡的流量等。

目前，各行业的技术标准在表达形式上也呈现出多元化：生态需水量（含量小、适宜生态流量）、生态环境需水量、生态基流、敏感生态需水、最小流量、最低生态水位，可以说是各取所需。

第二节　生态流量的作用

一、保证河流所需要的自净扩散能力

人们在工农业生产和生活过程中必然有污染物排出，如果其污染物排出量大于河流纳污能力，河流的饮用功能、养殖功能、景观功能、生态功能等就会丧失。

① 陈进，黄薇.长江的生态流量问题[J].科技导报，2008，26(17)：31-35.

河流本身就具备有一定自净、扩散能力，因此都具有容纳一定的污染物能力。

这种自净能力本身就是一种财富、一种资源。在兴建水库中对河流的这种自净、扩散能力有较大的影响，它有有利的一面，也有不利的一面，对此需要进行全面客观的分析。

水库的兴建本身虽没有污染物的产生，它对环境的破坏主要是因为工程的兴建改变了自净、扩散能力的时空分布规律，破坏了原有自净、扩散能力，引起环境污染问题。

在梯级开发中还由于水文条件的变化，水流变慢、河床变深，造成水体的复氧能力的下降，降低了对有机物的自净能力，造成纳污能力的下降。

二、保证维持水生生态系统平衡所必需的水量

水电站蓄水后，流动的河流变成了平静的水库，形成了河道式库区的水生生态系统。

由于水量的变化，上游水变深，水流变慢，有机物在湖中积累，容易引起水体的富营养化，藻类生长加快，产生水花，甚至赤潮，危及水生生物和鱼类。下游，特别是坝下常出现断水区，因此，引起断水区水生植物、水生动物的变化。原有的河床湿地系统也将发生明显的变化。

三、保证库区养殖业所必需的水质水量

由于库区的形成，库区养鱼业必定会有较大的发展，大量饵料的加入，使局部库区形成富营养化。

库区水产养殖，特别是集约化、高密度的人工网箱养鱼，养殖生物排泄的粪便及饵料残渣等堆积在库底会使水质、底质恶化，库区的生态平衡受到破坏，功能衰退，最终导致库区的富营养化，并使下游流域生态系统受到威胁，生态平衡失调。

为保持库区水体的生态环境，就要保持库区水体的流动性，充分利用水库资源，维护生态平衡。

四、保证维持水动力不发生重大变化

水量变化还会引起水动力的变化，如水速变慢、水深加大，河道原有的冲淤平衡被破坏，河口段的咸潮入侵问题等。

此外，还有环境安全问题，在一般情况下水库的建设有利于洪涝灾害的防治，但如果调控不好，也会引起洪涝灾害的加剧。

因此，保持库区的生态流量是十分必要的。生态流量的确定，一般不应小于建坝前河段的90%保证率枯水期流量。

当发电所需的流量大于生态流量时，可按发电流量进行发电，当发电所需的流量小于生态流量时应保持最小的生态流量，更不应出现不发电就关闸断水，使下游产生断流的现象。

对水系梯级开发来说，本身就具有整体性，因此对水系梯级水库的生态流量调控则必须进行整体考虑。如果不作整体的调配，只是各电站自行调度，也不可能解决流域性的环境问题，无法协调上下游之间的相互关系。为此建议水电部门应和环保部门合作，建立联动关系，根据当日的污染物排放量，确定当日的最小生态流量，保障河流生态环境，防止生态环境恶化。

第三节　生态流量的基本计算方法

一、国外生态流量的计算方法

美国渔业与野生动物保护组织在20世纪40年代就规定河流需保持其最小的生态流量，其目的主要是为了避免河流生态系统退化，国外研究河流生态需水内容可以概括为：

（1）河道流量与鱼类生息环境关系的研究。

（2）河道流量、水生生物与溶解氧（DO）三者之间的关系研究。

（3）水生生物指示物与流量之间的关系研究。

（4）水库调度考虑生态环境、生态环境水量的优化分配的研究。

（5）生态环境用水与经济用水关系的研究等。

国外河流生态流量的计算方法有多种，但目前尚无统一的方法和标准，多数计算方法为经验的和半经验的方法，大体上有5类。因为变异性范围法（RVA法）过于特殊，笔者将其特别讨论。

（一）历史流量水文学法

1. 蒙大拿法

蒙大拿法是由田纳特1976年提出来的。田纳特等用观测得到的数据建立了河宽、水深和流速等栖息的参数和流量的关系，并研究这些关系，发现了其中的某些规律。这些参数在流量从零至平均流量 10% 的范围变化时，比其他任何流量范围内的变化都要快。

野外试验统计分析表明，平均流量的 10% 覆盖了 60% 的底质，此时平均水深是 0.3 m，平均流速是 0.23 m/s。

根据研究田纳特等做出的结论：

（1）10% 的平均流量，对大多数水生生命体来说，是建议的支撑短期生存栖息地的最小瞬时流量。

此时，河槽宽度、水深及流速显著地减少，水生栖息地已经退化，河流底质或湿周有近一半暴露，旁支河道将严重或全部脱水。

要使河段具有鱼类栖息和产卵、育幼等生态功能，必须保持河道水面、流量处于上佳状态，以便使其具有适宜的浅滩水面和水深。

（2）对于大江大河，河道流量 5%~10% 仍有一定的河宽、水深和流速，可以满足鱼类回游生存和旅游、景观的一般要求，是保持绝大多数水生生物短时间生存所必需的瞬时最低流量。

（3）对一般河流而言，河道内流量占年平均流量的 60%~100%，河宽、水深及流速为水生生物提供优良的生长环境，大部分河道急流与浅滩将被淹没，只有少数卵石、沙坝露出水面，岸边滩地将成为鱼类能够游及的地带，岸边植物将有充足的水量，无脊椎动物种类繁多、数量丰富，可满足捕鱼、划船及大游艇航行的要求。

（4）河道内流量占年平均流量的 30%~60%，河宽、水深及流速一般是令人满意的。

除极宽的浅滩外，大部分浅滩能被水淹没，大部分边槽将有水流，许多河岸能够成为鱼类的活动区，无脊椎动物有所减少，但对鱼类觅食影响不大，可以满足捕鱼、筏船和一般旅游的要求，河流及天然景色还是令人满意的。

蒙大拿法作为经验公式，具有地区限制，因此，在其他地方使用时，一般需要对公式在本地区的适应性进行分析和检验。

在使用该法前，必须弄清该法中各个参数的含义。在流量百分比和栖息地关系表中的年平均流量是天然状况下的多年平均流量，其中某百分比的流量是瞬时流量。

2. 流量历时曲线法

流量历时曲线法利用历史流量资料构建各月流量历时曲线，使用某个频率来确定生态流量。

这种方法利用至少 20 年的日均流量资料，计算每个月的生态流量。采用的枯季生态流量相应的频率有 90%，也有采用频率为 84% 的情况；汛期生态流量相应频率也有采用 50% 的情况。

流量历时曲线法不仅保留了采用流量资料计算生态流量的简单性，同时也考虑了各个月份流量的差异。

应用流量历时曲线法计算最小生态需水量时，采用所有年份所有时期历史数据，得出多年平均情况下的最小生态需水量；当采用历史同期历史数据时，得到同期最小生态需水量。

3. 美国 7Q10 法

7Q10 法采用 90% 保证率最枯连续 7 d 的平均水量作为河流最小流量设计值。主要用于计算污染物允许排放量，在许多大型水利工程建设的环境影响评价中得到应用。

规定：一般河流采用近 10 年最枯月平均流量或 90% 保证率最枯月平均流量。

7Q10 法主要侧重于河流环境需水量的计算。

7Q10 法主要是为了防止河流水质污染而设定的，没有考虑水生生物、水量的季节变化。其计算值明显小于其他几种方法。

4. NGPRP（Northern Great Plains Resource Program）法

是将水文年按枯水年、平水年和丰水年分组，取平水年组 90% 保证率流量作为最小流量。

其优点是考虑了枯水年、平水年和丰水年的差别，综合了气候状况以及可接受频率因素，缺点是缺乏生物学依据。

5. 假设法

假设以某一年的水平作为标准年，认为该年的水环境状况基本能保持原有的自然景观，满足最低水循环要求以及河口冲淤平衡和基本维持河流生态系统平衡，则将该年水量作为河道所需生态流量。

（1）首先统计近几年水量情况，计算河流年平均河干天数。

（2）然后对标准年偏枯水年份进行统计，计算河流的平均流量，以接近年年均河干天数与标准年偏枯水年份河流平均流量的乘积，作为河流维持原有的自然景观使其不干涸平均所需补充的水量。

（二）水力学基础的水力定额法

1. 湿周法

湿周法是以湿周作为衡量栖息地质量的指标来估算河道内流量的最小值。

该法的基本假设是湿周和水生生物栖息地的有效性有直接的联系，保证好一定水生生物栖息地的湿周，就能满足水生生物正常生存的要求，通过建立河道断面作为湿周与流量的关系曲线。

依据该曲线确定变化点的位置，估算最小需水量的推荐值湿周—流量关系可从多个河道断面的几何尺寸—流量关系实测数据中经验推求，或从单一河道断面的一组几何尺寸—流量数据中计算得出，也可以借助曼宁公式求得。

通常，湿周随着河流流量的增加而增大，但是，当湿周达到或超过某临界值后，河流流量的迅速增加也只能引起湿周的微小变化。

注意到这一河流湿周临界值的特殊意义，我们只要保护好作为水生生物栖息地的临界湿周区域，也就基本上满足非临界区域水生生物栖息保护的最低需求。

湿周法的断面一般选在为单一河道断面的浅滩。湿周法也有一些引起置疑的假设和限制，其主要假设是变化点的流量需要确保能为鱼类提供足够的食物，但这一假设还未被验证。

此外其计算所得流量是一个确定的值，为生态需水量的下限。但实际上该结果还会受到河道断面形状的影响。

2. R2CROSS 法

R2CROSS 法以曼宁公式为基础，假设保护了浅滩也就保护了其他水生栖息地。

该方法将河流平均深度、平均流速和湿周率作为反映生物栖息地质量的水力学指标。如能在浅滩类型栖息地保持这些参数在足够的水平，即认为将足以维护鱼类与水生无脊椎动物在水塘和水道的水生生境。

这种方法仅提出了维持浅滩的夏季最小生态流量，没有考虑年内其他时段的天然径流过程。

R2CROSS 法只要求进行一些野外现场观测，不一定要有观测站的观测数据，对没有设立观测站的河流也可用此法，但必须选择合适的研究断面。

3. CASIMIR 法

基于流量在空间和时间上的变化，采用 FST 建立水力学模型、流量变化、被选定的生物类型之间的关系，估算主要水生生物的数量、规模，并可模拟水电站的经济损失。

4. 生态水利半径法

（1）首先根据河道内满足水生生物的流速 v（根据鱼类的生活习性、鱼类所处的生育期、河流等级来确定，一般都为 0.4~2.5）。

（2）先计算出河道过水断面的生态水利半径 R。

（3）再用生态水利半径 R 来计算过水断面面积 A，得出 A 与 R 的关系。

（4）然后计算出流量，即含有水生生物与河道断面两方面信息的生态流量，以此来估算出某一过水断面一段时间的生态需水量。

（三）生物学基础的栖息地法

1. 河道内流量增加法（IFIM 法）

该方法是 20 世纪 80 年代由美国渔业和野生动物保护组织开发研制，用于河流规划、保护和管理等的决策支持系统。

它把大量的水文水化学实测数据与特定的水生生物物种在不同生长阶段中的生物学信息相结合，进行流量增加对栖息地影响的评价。

考虑的主要指标有河流流速、最小水深、河床底质、水温、溶解氧、总碱度、浊度、透光度等。

IFIM 根据这些指标，采用 PHABSIM 模型模拟流速变化与生物栖息地类型的关系，通过水力数据和生物学信息的结合确定适合于一定流量的主要水生生物及其栖息地类型。

IFIM 法的优点是针对性强，常常用于河流某一生物物种保护上，常需要收集大量的生物和水流数据，建立某种生物和水文要素（如水流、水深、水质）间的适配曲线。

2. 有效宽度法（UW-Usable Areas）

该方法是建立河道流量和某个物种有效水面宽度的关系，以有效宽度占总宽度的某个百分数相应的流量作为最小可接受流量。

有效宽度是指满足某个物种需要的水深、流速等参数的水面宽度。不满足要求的部分即为无效宽度。

3. 加权有效宽度法（WUW-Weighted Usable Areas）

该方法与有效宽度法的不同之处在于加权有效宽度法是将一个断面分为几个部分，每个部分乘以该部分的平均流速、平均深度和相应的权重系数，从而得出加权后的有效水面宽度，权重参数取值范围为从 0 到 1。

4. 快速生物评估草案（Rapid Bioassessment Protocols）

快速生物评估草案是一种专家打分法。该方法认为河道的生物多样性与河道的水文特性、栖息地环境、水质特性有很大关系。

评价一个河道的生物多样性单从栖息地环境来看，可以从河道形态、河岸结构、岸边带植被等方面判断河道内的栖息地是否能为大型无脊椎生物和鱼类提供丰富的生存环境。

选取的参数有流态、底质、河道比降、弯曲度、泥沙、岸坡稳定、河滨带植被等，将河流健康状况分为最好、好、一般、差 4 个评价级别，从地形、水文、水质、植被等方面对河道栖息地进行综合评价。

快速评价法是一个综合评价方法，其优点是简单易用，可以快速地对某一条河流的栖息地的地形、水流、水质等多个方面做出评价，但评分受人为因素较大，误差较大。

5. 生物空间最小需求法

该方法的基本思想是以鱼类为河道内生态系统的指示生物，从鱼类对生存空间的最小需求来确定最小生态需水。

由于缺乏鱼类对生存空间的需求资料，该方法采用的鱼类最小需求空间参数粗糙，导致方法的精度有限。

（四）河流系统整体性理论的整体分析法

1. 南非的建块法（BBM）

南非的建块法（BBM）：为将 BBM 法应用于某一个具体的流域，来自不同学科领域的科学家们被召集在一起。具体的工作方法如下：

（1）水文学家研究河流的天然水流条件，即详细说明每个月小水与中、高水变化的典型范围、水量的大小、水流持续的过程及每年洪水发生的次数等。

（2）计算机模型设计人员设计出各种图形显示在不同的来水条件时，河水可能淹到河岸的什么位置，多大面积的滩区会被淹没。

（3）其他的科学家则负责收集像河流中的鱼、哺乳类动物、水生昆虫、两栖类动物、水生植物、河滨植物等有关的生物数据及自然生境和水质信息等，这些资料和信息有助于他们弄清每个物种或生物群落如何依靠不同的水流条件而生存，或如何受不同水流条件的影响。

（4）依据收集到的信息和资料绘出图形，制出表格，排成图片，做出相应的注解，然后提交给参加专题讨论会的科学家，由他们决定河流到底需要多少水。

他们决定在小水期间到底需要多少水、需要多少次中、大洪水，洪水期需要延续多长时间，这些洪水需要在什么时候发生。然后将这些有关水的信息“建成块”叠加在一起就形成对河流管理的“水流处方”，为水管理者提供了一套所要达到的水流管理目标。

利用这个处方所列的水流条件，就可以定出河流开发所应优先保障的水量，处方所列水流也是水库运行要达到的目标。

BBM 法的优点：对大、小生态流量均考虑了月流量的变化。

主要缺点：由于该方法是针对南部非洲的环境开发的，针对性强，且计算过程比较烦琐，其他地方采用此方法应根据当地实际情况对方法进行适当改造。

2. 澳大利亚的基准测量法

在水资源日益紧张的情况下，人类总想挤占河流生态用水，常问的问题是“能不能把原来分配给生态的用水再减少一些而不危及所规定的河流生态目标？”

澳大利亚安吉拉·阿廷顿和她的同事开始研究一种新的评估方法，叫作“基准测量法”，来确定水流改变到什么程度时，重要的生态变化刚好能够被检测到。

这种方法要求对河流整个流域内许多不同地点的自然生境、河滨植被与水生植被、水生昆虫、鱼类、河口状况、海洋状况等进行大量的监测。

科学家根据每个环境变量状况的不同，将其评定为“处于自然状态”“接近自然状态”“偏离自然状态”等不同的等级。

在对该测点的环境变量评定了等级之后，由科学家来决定水流改变到什么的程度时，对生态造成的影响微小或对生态造成的影响根本监测不到，以及水流改变到什么程度，生态环境会发生实质性的变化。

“基准测量法”应用的初步结果表明，用建块法确定的生态用水量很可能与为了阻止发生重大不良生态影响所需的水量差别很大。

阿廷顿和她的同事发现在昆士兰州的伯内特（Burnett）河流域，为确保生态健康，年水量的 79%~84% 及天然洪水量的 72% ~ 91% 需要得到保护。这一结果说明，要阻止对生态的破坏，就需要加大对水流保护的力度。

（五）RVA 法

以河流生态水文变化的指标体系（Indicator of Hydrologic Alteration，IHA）为基础，立足整体河流水文情势的流量谱系，采用变异性范围法（Range of Variability Approach，RVA 法），进行基于长系列历史流量资料的河流生态需水量估算。

（1）RVA 描述的流量过程线的可变范围是指天然生态系统可以承受的变化范围，并可提供影响环境变化的流量分级指标。

（2）RVA 法主要用于确定保护天然生态系统和生物多样性的河道天然流量的目标流量。

（3）在 RVA 流量过程线中，当其流量为最大与最小流量差值的 1/4 时，该数值为所求的生态流量。

（4）RVA 法可以反映取水和其他人为改变径流量的影响情况，表征维持湿地、漫滩和其他生态系统价值和作用的水文系统。

（5）RVA 法至少需要有 20 年的流量数据资料。如果数据不足，就要延长观测，或利用水文模拟模型模拟。

（6）RVA 法的应用在河流管理与现代水生生态理论之间构筑了一条通道。

虽然 RVA 法以整体河流水文情势为基础，并估算了河流生态环境需水量，但基于水生态环境是一个复杂的系统，RVA 法并没有将其综合考虑。

如何深入结合河流自身的水质、生物多样性、含沙量、地域气候环境等特点，进行生态环境需水量的计算仍需深入研究。

二、国内生态流量的计算方法

在国内，系统研究河流生态需水的工作尚处于起步阶段，对生态环境需水的概念、内涵与外延等没有统一的定义，对其计算方法的研究也不够深入、完善。

在现阶段，由于我国缺乏生态资料，栖息地法无法使用，整体分析法也难于在我国应用；水力定额法需要现场数据，需要较长的时间和较大的人力和物力，应用较为困难。

水文学方法是最简单的、需要数据最少的方法，它仅需利用水文资料中的历史流量数据来确定生态需水。

我国大部分地区具有较长的历史流量资料，因此，我国具备使用该类方法的条件。下面介绍几种国内从不同角度提出的计算方法。

（一）最小月平均流量法

即以河流最小月平均实测径流量的多年平均值作为河流的基本生态环境需水量。

最小月平均流量法计算的是河流基本生态环境需水量，主要用以维持水生生物的正常生长以及满足部分排盐、入渗补给、污染自净等方面的要求。

实际上它也是对 7Q10 法的一种改进，虽然克服了 7Q10 法要求较高的缺点，但它仍是以水质对指示物的影响为主要依据的，侧重于分析水生生物所需要的水质。

（二）水量补充法

1. 蒸发和渗漏

认为河流生态用水量主要指补充河道及浸润带蒸发和河道渗漏等因素造成的损失所需的水量。

根据河长、水面面积及蒸发、渗漏强度等计算年蒸发量和年渗漏量，二者之和为河道年补水量。

2. 水面蒸发生态需水量

为维持河流系统正常生态功能，当水面蒸发量大于降水量时必须从流域河道水面系统以外接纳的水体来弥补，这部分水量称为水面蒸发生态需水量。

当降水量大于蒸发量时，该项为零。此方法则只针对满足河流水量蒸发和渗漏要求，没有考虑到生态系统的其他需水要求，有一定的局限性。

（三）逐月计算法

1. 逐月最小生态径流计算法

该方法认为最小生态径流过程同河道水流年内变化特征一样，是连续变化的，应该逐月计算。

在尽可能长的天然月径流系列中取最小值作为该月的最小生态径流量，各个月径流系列的最小值组成年最小生态径流过程，因为在天然情况下水生生物已经安全经历过这样的最小径流过程，并且生态系统没有遭到不可恢复的破坏，所以水生生物及其种群结构在这个流量条件下所受到的损害是可以恢复的。

逐月最小生态径流计算法得出的最小生态径流值虽然能够满足水生生物的最低生活条件，但如果长期处于这种生存条件下还是不利于水生生态系统的健康发展。

2. 逐月频率计算法

在考虑生态系统对水量要求的同时，还考虑了不同时期生态环境的不同要求，将河流生态环境需水量看作是一个与自然径流过程相适应的有丰有枯的年内变化过程。

（1）首先对尽可能长的天然月径流量系列进行频率计算。

（2）然后根据实际情况对各个季节取不同保证率的月径流量值作为河流的生态环境需水量。

此方法把河流的生态需水量看成一个动态的过程，比较符合实际情况，因此较其他方法更为合理。

（四）生物最小空间计算法

该方法认为要保证河流中水生生物的生存，必须首先保证它们的最小生存空间，对应的流量即为河流最小生态需水量。

由于现阶段无法确定河道中每类生物所需的最小生存空间，而鱼类是水生态系统中的顶级群落，对河流生态系统具有特殊的作用，加上鱼类对生存空间最为敏感，因此可将鱼类作为指示生物来确定水生态系统的最小生存空间。

该方法认为水面宽率、平均水深和最大水深是鱼类生存空间最具代表性的因素，此方法的计算方法和月平均计算法相似，只是对不符合水生生物生存空间需求的情况，需增加生态流量直到满足相应水力参数的要求。此方法的缺点在于采用的鱼类最小需求空间参数粗糙，从而使该方法精度有限。

（五）水文与河道形态分析法

此方法认为，水面宽度是河流最为重要的特征，过小的水面宽度将导致河流中水生生物的繁衍和生长受到限制乃至死亡。

流量和水面宽关系有一个突变点，在此点以下，每减少一个单位流量，水面宽的损失量比突变点以上显著增加，河流宽度特征和相应生态功能将严重损失。因此可将突变点处对应的流量作为河道水体最小生态需水，这样可以保留河流生态系统的大部分特征。

此方法用尽量少的水量维持尽量多的河流特征和功能，用水文站资料进行计算，具有资料可靠、充分的优点，不足之处在于考虑的因素过于简单。

三、河流生态流量的影响因子

河流生态流量受很多因素的影响，其中主要有水文条件、流域气候、河流地貌、河流的水力特性和水质、文明进步、政策等方面。

它们之间相互作用，是河流生态系统生境的组成要素。其中，水文条件和流域气候主要是在流域的尺度上对河流生态系统的生态过程和系统的结构、功能造成影响，而河流地貌、河流的水力特性以及水质则主要在河流廊道和河段这样相对较小的尺度上发挥作用。

水文条件对河流生态系统具有主动性、驱动性作用，除了对河流环境景观的形成具有重要作用外，还对河流生物群落的构成和生物过程有着重要影响。

水文条件包括河流的水量、流量和水文过程。其中，水量和流量对河流地貌的形成起着决定性的作用，它们的变化对河流中物质、能量、信息以及生物之间的传递和迁移具有重要的意义。

四、几种计算方法的比较

综上所述，对国内外计算方法进行综合比较及其优缺点分析如下。

（1）历史流量法是根据河流的生态环境和本身的水文条件的特点，直接提取历史流量中年径流量的百分数作为河流生态环境需水量的推荐值。但是由于该方法是以生态学信息资料为主要依据，并侧重于分析水生态生物所需水量。历史流量法的优点是不需要现场去测定数据，具有简单、快速的特点，但是其缺点是未考虑流量的丰、枯水年变化和季节变化，也未考虑河段形状的变化。该方法一般只用于河流系统优先度不高的河段流量计算，或者作为其他方法的一种检验。

河流基流量计算方法实际上是对历史流量法中的 7Q10 法和径流时段曲线分析法的一种改进，以水质对指示生物的影响为主要依据，侧重于分析水生生物所需水质。它克服了 7Q10 法对我国要求较高的缺点，带有中国河流特色。

（2）水力学法是研究水生生物对于湿周、流速、水深等水力参数的需求，以此来确定生态流量。

该方法的优点是：其中包含了更多更为具体的河流信息。所以只需在现场进行简单的测量，而不需要详细的物种—生境关系数据，所以数据更容易获得。

此方法缺点是：忽略了水流流速的变化，未能考虑到河流中具体的物种不同生命阶段的需求。

该类方法假定河道在时间尺度上是稳定的，并且所选择的横断面能够确切地表征整个河道的特征，而实际情况并非如此。

该方法主要适用于：

①小型河流或者流量很小且相对稳定的河流。

②泥沙含量小、水环境污染不明显的河流。

③推荐的流量是主要为了满足某些无脊椎动物以及特殊物种保护的需要。

（3）综合法是综合考虑了专家小组意见和生态整体功能，克服了栖息地法只针对一、二种指示生物的缺点，强调河流是一个生态系统整体，是目前最为合理的一种方法。

但要求必须有实测天然日流量系列、专家小组意见、现场调查以及公众参与等，不容易被应用。

保持河流水质需水量计算方法是以水质为目标，实际上是对用水沙平衡和水盐平衡理论等确定河道流量的一种概括和总结，原理也都是传统的污水防治和水流输沙动力学等理论，其准确性无可争议，但强调的只是水质目标，综合性不强，应用不广泛。

（4）栖息地法则是在水力学法的基础上考虑了水量、流速、水质和水生物种等限制，国内目前尚无具体研究实例。

通常根据水量平衡原理采用估算法进行计算。因此对生态环境保护可靠度不高，实践应用性不强。

该法对于解决较小型河道生态环境需水较为实用，但对于大河而言，需要有更多的实践和参数变换。

学科配合研究和详尽的资料信息支撑。常常因缺乏生物资料，使该法应用受到一定限制，国内目前尚无具体研究实例。因此对生态环境保护可靠度不高。

第四节　我国不同流域或地区的生态流量计算方法

一、辽宁省北部地区清河流域生态流量计算

（一）清河流域水文特征

由清河流域径流时空分布推测出清河流域径流量可能存在水文非一致性过程，即水文序列存在趋势性或跳跃断点的情况，因此采用斯波曼（Spearman）秩次相关检验法对清河流域径流量进行水文一致性分析。利用清河流域水文数据，采用斯波曼（Spearman）秩次相关检验法计算水文序列和时间序列，秩次的相关系数 r 为 –0.25，T 统计量为 1.23，$t_{\alpha/2}=2.49$（$P < 0.05$），表明清河流域存在年径流量下降的非一致性水文过程。受中温带大陆性季风气候及近年气候变化的影响，清河流域径流量年际变化剧烈且径流量呈下降的趋势。

基于北方地区河流特有的径流补给类型，清河流域夏季径流量年际波动最明显，秋季次之，春季和冬季径流量年变化较平缓。

同时清河流域径流量的年内分配极不均匀，近正态分布。

（1）6 ~ 9 月多年平均径流量约占全年径流量的 70.0%。

（2）7 ~ 8 月进入主汛期，径流量占全年径流量的 50.0%。

（3）1 ~ 2 月进入枯水期，径流量占全年径流量比重最小，仅为 1.7%。

受清河流域径流量上下游空间分布变化的影响，松树站、清河水库站及开原站径流量呈明显增长的趋势，符合下游断面径流量大于上游断面径流量的河流水文一般规律。

清河流域松树、清河水库及开原 3 个水文站年径流量变异系数（Cv）分别为 0.61、0.69 和 0.82，总体偏大，表明清河流域年径流量的总体系列离散程度较大，径流量年际间变化剧烈，不利于水资源的高效利用。

导致这一现象的主要原因是清河流域位于中温带大陆性季风气候区，降雨季节性明显，加之受全球气候变化的影响导致河流径流来源年际变化不稳定。

同时清河流域土地利用以农耕地为主，且流域内植被主要以矮林和灌丛为主，导致清河流域水源涵养能力较低，无法有效调节河流径流年际变化。

清河流域上游地区属低山丘陵区，虽然植被覆盖率较高，但由于早期盲目开发利用，在山坡和沟头等地乱开荒导致坡耕地垦殖指数不断增高。

过度砍伐森林和防护林，大大降低了清河流域蓄水保土能力，使流域上游地区植被生态问题严重。

另外，清河流域中下游地区城镇化发展导致经济用水挤占河流生态用水严重，水环境污染加重，使河流水生生物生存面临水质与水量双重影响。因此，本书选取月保证率设定法与鱼类生境法计算清河流域生态流量，以期从不同角度说明生态流量对河流生态系统健康的重要性。此外，清河流域水文特征分析也说明了在辽宁省北部地区流域水生态管理应注重流域陆地生态系统水源涵养功能和河道生态缓冲带的建设与管理。

（二）改进月（年）保证率设定法

采用改进月（年）保证率设定法计算清河流域生态流量时，考虑到生态流量在丰水年时较易得到满足，决定其水生态健康的主要因素为平水年及枯水年流量能否满足生态流量需求，因此采用月（年）保证率为 50%、75% 和 100% 分别代表平水期、枯水期、特枯水期水文年。

（1）随着生态流量等级下降，即使保证率相同，生态流量数值也随之下降。

（2）在同一保证率时，生态流量在汛期较大，在非汛期较小，这是由于生态流量与降水量季节变化密切相关。

（2）不同保证率下生态流量月变化曲线之间有重合点，由于重合点的生态流量是为了保证不同保证率下生态流量应满足大于该保证率下径流量的 10%，因此确定平均径流量的 10% 为维持河流生态系统不退化的最小流量。

清河流域 3 个水文站生态流量变化为由上游站到下游站依次增大，与水文站位于集水区的出口有关，当其他地理要素如气候和植被对清河流域影响基本一致时，水文站对应的集水区面积为该段河道生态流量取值的决定性因素。

高等级的生态流量随不同保证率的改变而显著变化，而低等级的生态流量值随不同保证率变化较小或不变。

清河流域水库“极好”与“最小”等级下，50% 保证率年生态流量比 100% 保证率年生态流量分别增长了 350% 和 142%。

低等级的生态流量为维持河流生态系统不退化的流量，因此其值不可能随着保证率不同而显著变化，否则可能导致无法维持河流生态系统的稳定，而高等级的生态流量则为保持河流生态系统健康发展的最佳流量，因此不同水文保证率的生态流量有较显著的差异。

考虑清河流域水文特征年实际情况，选取 P=50% 保证率及对应的“最小”“好”与“非常好”等级作为清河流域各水文站河段各段的最小、适宜和理想生态流量。

（三）鱼类生境法

水生态调查表明，清河流域内麦穗鱼和辽宁棒花鱼等鲤科鱼类为优势鱼种，因此本书选取清河流域优势鱼种鲤科鱼类作为确定生态流量的关键指示物种和保护对象。东北地区鲤科鱼类一般在 5 月初至 6 月中旬进入产卵繁殖期，河流水流速度在 0.3 ～ 0.7 m/s 范围内较适宜，据此设定不同流速对应的生态流量等级。

同时根据清河流域水文数据得到清河流域各控制断面的流速与流量的经验公式，并计算生态流量。

（四）不同方法计算的生态流量对比

Tennant 法（蒙大拿法）是国际上较认可的生态流量计算方法之一，优点是简单、快速。

该方法利用河流历史流量资料，选取多年平均天然径流的不同百分比作为推荐的生态流量，以多年平均月天然径流量的 10%、20% 和 30% 作为一般用水期最小、适宜、理想等级的生态流量；以多年平均月天然径流量的 20%、30% 和 40% 作为鱼类产卵育幼期最小、适宜、理想等级的生态流量，目前普遍用于检验水文学类生态流量计算方法。

鱼类生境法虽然不属于水文学类方法，但考虑校验一致性的原则，因此本书选用 Tennant 法（蒙大拿法）校验改进月（年）保证率设定法和鱼类生境法计算生态流量的合理性。

鱼类生境法比月保证率设定法计算结果大，且与 Tennant 法（蒙大拿法）部分结果差异度较大，尤其是适宜和理想等级生态流量的差异十分突出。

同时，开原站鱼类生境法各等级生态流量差异度均小于 10%，为 3 个断面中差异度最小的；这是由于开原站位于清河支流寇河上，控制集水面积较小导致实测瞬时流量变化较大；清河水库站断面修建明渠，河道物理生境受人工影响较大，不能有效地反映鱼类生境的状况，导致计算结果差异较大。

开原站断面河道物理生境受人为影响小且控制集水面积较大，流量与流速之间关系稳定，因此开原站各等级生态流量鱼类生境法的计算结果比月保证率设定法更接近 Tennant 法（蒙大拿法）计算结果。

二、黄泥河流域河道生态流量计算

（一）流域概况

黄泥河流域涉及云南、贵州两省的 1 区、7 县（市）。是典型的岩溶地区，也即喀斯特地貌区，是珠江流域西江水系南盘江左岸的一级支流，位于云南省东南部与贵州省西南部之间，集水面积 7628.7 km^2。

（1）流域内地势西北高、东南低，地形起伏大，流域平均高程 1800 m。

（2）流域内植被覆盖率较低，水土流失严重，汛期河流含沙量较大。

（3）矿产资源丰富，尤以煤炭资源突出，煤质久负盛名，是煤炭出口的生产基地。

（二）河流水系

黄泥河是南盘江一级支流，为滇黔省级河流。发源于曲靖市富源县白水镇支锅石村的一座无名山，源地高程 2200 m，河长 237.9 km，落差 1480 m，平均比降 0.69%。主要支流有九龙河、小黄泥河等。

（三）水资源特点

黄泥河流域属东、西部型季风气候的过渡区，大部分地区气候温和宜人，山区河谷高度差悬殊，立体气候明显。

（1）流域降水丰沛，多年平均降水量 1327.3 mm，多年平均径流量 53.22 亿 m^3，径流年内分配不均，汛期（6—11 月）径流量约占全年的 85%。

（2）径流年际变化较大，丰、枯水年径流比约为 2.5 倍。

（3）洪水由暴雨产生，一般发生在 6—9 月，陡涨陡落，单峰居多，一般历时 7 ~ 10 d。

受气象因素影响，水面蒸发有随高程增加而减少的趋势，流域多年平均水面蒸发量 1177.4 mm，年内分配不均，主要集中在 2—8 月，占全年的 71.5%。

（四）黄泥河生态流量计算

1. 流量标准

依据流域内河边、他谷、妥者、长底、普梯、岔江、乃格沙等水文站（或专用站）的水文资料、实测大断面成果、实测流量成果和黄泥河常见鱼类等，分别采用上述 4 种研究方法计算河道生态流量。

黄泥河流域主要支流有九龙河和小黄泥河，流域内三片区域（含正源块择河）除了人类活动对生态水文系统演变的影响具有强弱不同外，整体性、相似性、地理位置不重叠性和等级性基本相同，所以可以视为一个生态水文系统分析生态流量。

经分析，各断面不同方法计算的生态流量占多年平均流量的 2.9% ~ 22.3%，比重较小的均为水力学法，究其原因，主要是受水力学法适用条件（即必须满足断面冲淤变化不大，且断面尽量单一）和推求成果为最小生态需水量的限制，与多年平均流量相比，大多小于《水资源论证导则》规定的生态流量“原则上按多年平均流量的 10% ~ 20%”的取值范围。

水文学法（除他谷水文站外）、生境模拟法和基流分割法计算成果均在 20% 左右，符合《水资源论证导则》对河道生态流量的要求。

所以推荐采用以下成果和方法作为本次研究的最终成果。认为在水生生物原有的生活条件下，该流量能维持现存的生命形式，该流量可以满足现在生物对水的要求。

2. 方法推荐

不难看出，9 个代表断面中，水文学法全适用的占 44%，部分适用的占 22%；湿周法占 44%；鱼类生境法仅有河边水文站适用，仅占 11%。

综合分析，水文学法具有普遍适用性，其次是水力学法中的湿周法。此两种方法均依据水文参数，简便易行，实际工作中易于操作。

三、内陆河流黑河生态流量计算

（一）黑河流域概况

黑河位于河西走廊中部，发源于青藏高原北部的祁连山中段，范围介于东经96°40' ~ 102°04'，北纬 37°45' ~ 42°40' 之间。

上游海拔介于 1700 ~ 5000 m 之间，4000 m 以上发育有现代冰川，最高峰团结峰海拔 5826.8 m，山峰终年积雪。

黑河干流从祁连山发源地到尾闾居延海，全长约 928 km，总流域面积 11.6 万 km^2，其中干流莺落峡以上为上游，河道长 313 km，流域面积为 10 009 km^2，河床平均比降 1%，天然落差约 3000 m，是黑河流域的产流区。

（1）上游又分东、西两岔，西岔野牛沟发源于海拔 4145 m 的铁里干山主峰南坡，自北西向南东流经约 208 km 至祁连县黄藏寺村。

（2）东岔八宝河发源于祁连县俄博滩东的景阳岭，海拔 4200 m，自东向西北流经 106 km 至黄藏寺村。

（3）东西两岔在黄藏寺村汇合后，折向北流经 95 km 至莺落峡称甘州河，出山后进入张掖盆地称黑河。

莺落峡至正义峡为中游，河道长 204 km，流域面积 2.56 万 km^2，河床比降 1/100 ~ 1/1000，海拔高程介于 1300 ~ 1700 m 之间。

中游地区绿洲、荒漠、戈壁、沙漠断续分布，地势平坦，是河西走廊的重要组成部分，这里光热资源充足，昼夜温差大，是甘肃省重要的农业灌溉区。

中游为黑河径流的利用区，该河段河道的突出特点表现为地表水、地下水的多次转换和重复利用。

正义峡以下为下游，河道长 411 km，流域面积为 8.04 万 km^2，海拔高程介于 900 ~ 1300 m。穿越北山，流经金塔鼎新盆地，改称额济纳河（也称弱水），向北流注入内蒙古额济纳旗境内的居延海。

（二）黑河生态流量计算

1. Tennant 法（蒙大拿法）

Tennant 法又称蒙大拿法。Tennant 法（蒙大拿法）认为，多年平均流量的 10% 是保持大多数水生生物短时间生存所需的最低短时径流量；多年平均流量的 30% 是保持大多数水生生物有良好栖息条件所需的基本径流量；多年平均流量的

60% 是为大多数水生生物在主要生长期提供优良至极好栖息条件所需的基本径流量。该法是将全年分为汛期（4—9 月）和非汛期（10—3 月）两个时段，根据多年平均流量百分比计算维持河道一定功能的生态需水量。

一般情况下，非汛期生态基流应不低于多年平均天然径流量的 10%；汛期生态基流可按多年平均天然径流量的 20% ~ 30% 确定。

该法适用于流量较大的河流，一般作为河流最初目标管理、战略性管理方法使用，要求拥有长序列水文资料，具有方法简单、快速、便于宏观管理的特点。

2. 90% 保证率最枯月平均流量法

90% 保证率最枯月平均流量法是从长系列资料中每年挑选一个最枯月平均流量，然后进行频率计算，取保证率 90% 的最枯月平均流量作为最小生态环境需水量。适合水资源量小、开发利用程度较高的河流，要求拥有长序列水文资料。

3. 近 10 年最枯月平均流量法

近 10 年最枯月平均流量法以河流近 10 年最枯月平均流量的多年平均值作为河流的基本需水量。该方法采用实测径流量作为计算依据。

4. 月年保证率法

月年保证率法根据系列水文统计资料，在不同的月保证率前提下，以不同天然径流量百分比作为河道环境需水量的等级，分别计算不同保证率、不同等级下的月（年）河道基本环境需水量[①]。计算步骤：

（1）根据系列水文资料，计算 50%、75%、90% 保证率下所对应的水文年及多年平均情况下的各月天然流量。

（2）以多年平均所对应的各月天然径流量作为原始数据，进行各月河道环境需水量计算，具体方法是分 5 个推荐流量等级：很好（100%）、好（60%）、较好（40%）、中（30%）、最小（10%），分别对应下面的假设条件（以很好流量等级为例）。

假设以年天然径流量的 100% 作为河道内用水，则将年天然径流量的平均值作为河道环境需水的最高上限，认为只有高于天然平均流量的月份可作为河道外引水。这时河道环境需水的计算高于年均值的月份，选取年均值计算；低于年均值的月份，选取该月的天然径流量计算。

按照类似的假设条件，采用同样的方法，可以计算年天然径流量的 60%、40%、30%、10% 作为河道环境需水量。

① 高华永，代兴兰.黄泥河流域河道生态流量研究[J].人民珠江，2012，33(03)：42-44.

（3）在上述 40%、30%、10% 的假设情况下，可能会出现月河道环境流量占年均值的百分比小于 10% 的情况，如果出现这种情况，这时河道环境需水的计算分两种情况进行。

一是该月天然径流量大于多年平均流量的 10% 的选取多年平均 10% 计算；二是该月天然径流量小于多年平均流量的 10% 的，选取该月平均流量计算。

国外研究表明，10% 的河道流量是最低下限，如果河道流量低于 10%，则河流生态系统健康得不到保障，河流的生态环境就会遭到破坏。

（三）计算结果分析

根据上述分析计算，莺落峡近 10 年最枯月流量、90% 保证率最枯月平均流量、Tennant 法（蒙大拿法）和月（年）保证率法（P=90%）中等（30%）情况的生态需水量接近，约占多年平均流量的 19.3% ~ 36.6%，平均 26.5%。

而正义峡近 10 年最枯月平均流量、90% 保证率最枯月平均流量和最小生态需水量计算结果相差较大。

月年保证率法莺落峡和正义峡不同频率的生态需水量基本接近。非汛期生态需水量莺落峡占多年平均流量的 10%，正义峡达到 18.1%，汛期莺落峡为 47.4%，正义峡为 22.8%。

根据 SL525—2011《水利水电建设项目水资源论证导则》和 SL/Z479—2010《河湖生态需水量评估导则》，对于河道生态需水量的确定，原则上按多年平均流量的 10% ~ 20% 确定。

黑河非汛期生态需水量最小满足多年平均流量的 10%，汛期生态需水量最小满足多年平均流量的 30% 以上，全年生态需水量最小满足多年平均流量的 25%。

四、闽江流域山溪性河流生态流量计算

（一）研究区概况

闽江是福建省最大的河流，流域总面积为 60 992 km²，约为福建省总面积的一半，河长 559 km，干流总长 231 km。

流域在南平上游有三大支流：建溪、富屯溪和沙溪；南平下游至闽江入海口，有尤溪、大樟溪等主要支流汇入。

闽江多年平均径流量为 629 亿 m³，其中沙溪沙县以上、富屯溪洋口以上、建溪七里街水文站以上、南平下游至闽江入海口流域多年平均流量分别为 302.4 m³/s、444.3 m³/s、501.7 m³/s、1757.6 m³/s。

（二）方法原理

流域径流的年内分配比较集中，汛期为 4—9 月，径流量占年径流量比例在 71.2% ~ 79.1% 之间，非汛期径流量只占年径流量的 20.9% ~ 28.8%，径流量年内分配与降水量变化基本一致。

针对闽江流域的水文特性，本书分 3 个时段分别计算闽江流域生态需水量。

（1）基于蒙大拿基流法计算出闽江流域非汛期基流量（10—3 月）。

（2）基于水文、河床和敏感生物之间的关系计算出闽江流域鱼类产卵期生态流量（4—6 月）。

（3）基于水文与河床断面子系统之间的关系计算得出维护闽江流域造床以及岸边滩稳定的生态需水量（7—9 月）。

1. 非汛期生态流量（10—3 月）

采用历史流量法中的 Tennant 法（蒙大拿法）计算非汛期的生态基流量。

Tennant 法（蒙大拿法）通常将河流流量推荐值以预先确定的年平均流量的百分率为基础，针对水文资料丰富与否的不同河流进行生态需水量的计算。

利用 Tennant 法（蒙大拿法）判定不同时段流量百分比的依据。

2. 鱼类产卵期生态流量（4—6 月）

利用生物物种做生态需水研究时，要同时考虑到该流域的濒危物种、顶级物种和关键物种。

（1）只有保证这些物种的生态健康才能使流域处于一个相对完整的生态系统，才可以与自然生态系统相吻合。

（2）在对当地渔业进行调查研究的基础上，选择鱼类产卵期的生态需水计算。

（3）鱼类产卵期生态需水的计算方法主要是基于水文、河床和敏感生物子系统之间的关系提出。

（4）河流中水生生物的稳定是保证河流生态系统完整性以及生物链得以维持的基础。

（5）由于河流水生物种类众多，充分研究各类水生生物对水量的满足需求，在现阶段难以实现。

鉴于此，选择一种代表性物种作为敏感生物，研究其在关键生理时期生态需水的满足程度，以此为代表判定整个流域物种在特殊时期的生态需水满足程度。

3. 汛期生态流量（7—9 月）

汛期生态流量的计算方法是基于水文与河床断面子系统之间的关系提出。

水面宽度和水深、流速具有一一对应的关系，因此与河流环境功能密切相关。

从径流与河床的关系入手，将水面宽作为代表子系统特征的指标，运用流量－断面宽的关系确定其突变点，将突变点对应的流量作为河流汛期生态流量。

河道流量、水面宽关系与河床横断面形态密切相关。在河床稳定的情况下，可利用各种河床横断面形态与水面宽关系计算河道流量。

当流量从大到小变化时，水位也会随之降低。

当水位经过河床横断面上坡度突变点时，除河床纵比降外，其他参数均发生突变，导致流量和水面宽关系出现突变点。

（1）在突变点以上，流量和水面宽关系线斜率较小，即每减少一个单位流量造成的水面宽减少量较小。

（2）在突变点以下，流量和水面宽关系斜率突然变大，即每减少一个单位的流量，造成的水面宽减少量显著增加。

因此，选择突变点处的水位以及流量进行汛期生态需水计算具有一定的合理性和理论依据。

（三）生态流量计算

作为福建省最重要的经济区之一，闽江流域虽然水量丰沛，但随着经济社会发展对流域水资源的开发利用强度较大，大规模梯级水电开发严重改变了河流的天然输沙量和径流量，导致河道水环境变异，加速了河道演变，改变了河道水生生物栖息条件，削弱了河道生态系统的自动调节修复能力和稳定性，对河道生态系统的物质循环以及生态系统发育演化构成重大影响。

针对闽江流域水系特点，选择上游沙溪、富屯溪、建溪以及下游干流 4 个河段进行生态需水计算。

根据各河段的位置以及相应河流上水文站水文数据的充分与否，分别选取石桥、洋口、七里街以及竹岐水文站作为基础资料站，依据各站日平流量、日平均水位以及实测大断面资料进行闽江流域河道内生态需水计算。

1. 非汛期生态需水计算（10—3 月）

将各流域内的水文站作为依据站，根据水文年鉴数据，得到各水文站的非汛期平均径流量，取 10% 作为流域的非汛期基本生态流量。

2. 产卵期（4—6 月）

利用生物物种做生态需水研究时，只有保证这些物种的生态健康才能使流域处于一个相对完整的生态系统。为满足鱼类通道要求，河流断面最大水深必须达到一定值。

国内外研究表明，鱼道所需水深的最小深度约是鱼类体长的 2 ~ 3 倍 [《水电水利建设项目河道生态用水、低温水和过鱼设施环境影响评价技术指南（试行）》]。

鱼类在产卵期时产卵场的分布主要受产卵时所要求的水深、流速、温度以及光照等因素决定。受资料缺乏以及因素间关系难以量化的影响，本书将鱼类产卵时所需水深和流速与水文条件建立关系，进行产卵期生态需水计算。

为达到保护鱼类的产卵水深要求，需要通过流域内梯级水电站对各站的 4—6 月最小生态流量做相应的调控。

3. 汛期（7—9 月）

汛期生态需水主要功能是输沙造床、保持水体连同、保障营养输送。以河流漫滩流量作为洪水期生态流量，既能满足河道造床的水量需求，又能维持岸边滩稳定，为生物提供良好的栖息场所。

根据多年水文年鉴数据资料，选取 P=75% 的一般枯水年水文数据进行汛期生态需水计算，计算步骤如下：第一，利用竹岐水文站实测大断面数据，建立竹岐水文站大断面图；第二，对选用的大断面，采用竹岐站水文站实测数据，建立水位和水面宽关系图，确定其突变点，突变点对应的水位和水面宽分别为 3.4 m 和 235 m；第三，采用竹岐水文站实测日均水位、日均流量建立水位关系线，由于一个水位对应多个流量点，在计算时将水位对应的各流量进行平均值计算，即可得汛期生态需水量。

第五节　河流生态保护

一、河流生态保护的重要性

所谓河流一般是指陆地表面接纳地面径流和地下径流的天然水道。

（1）河流给予了水生生物生存的自然空间和人类宝贵的水资源，水资源是人类赖以生存和发展的基础，更是生态系统重要的控制因素。

（2）河流不仅为居民提供了不可或缺的生产和生活水资源，还用于航运，同时也是生态环境的重要组成部分，任何自然和社会因素的变化都有可能改变生态系统中的水流、水质及能量关系与栖息地结构等，进而影响到水生生物的生活与生存，导致河流生物群体组成改变，使水生态系统平衡发生偏差。

习近平总书记指出“走向生态文明新时代，建设美丽新中国，是实现中华民族伟大复兴的中国梦的重要内容”。

为此，国家提出到2020年前将分步建设172项重大水利工程，并发布了《关于依托黄金水道推动长江经济带发展的指导意见》与《生态文明体制改革总体方案》，这预示着我国新一轮的河流治理工作即将启动。

以往的河流治理造成了渠道硬化。河岸的全面硬化可以应对洪水冲刷，但从生态学的角度来说，这样会失去建立水生生物多样性所需的环境条件，且忽视了水生态恶化的问题，使得水体自净能力遭到破坏。

根据任务规划，“十二五”期间基本完成重点中小河流等重要河段的治理，其中重要的工作是结合入河雨污水的治理和补水水质的净化来开展生态修复，提高水生态的环境容量，涵养水源，发展和弘扬河道的人文景观价值。

“十三五”时期，要求加快实施重大引调水工程的建设，强化节水优先、环保治污、提效控需，统筹做好调出调入区域、重要经济区和城市群的用水保障；建设重点水源工程，增强城乡供水和应急能力，实施江河湖泊治理骨干工程，综合考虑防洪、供水、航运、生态保护等方面的要求，提高抵御洪涝灾害的能力，坚持高标准规划，在东北平原、长江上中游等水土资源条件较好的地区新建节水型、生态型灌区。这不仅是河流治理的目的，也体现了人水和谐的理念。

生态环境的建设和保护是经济发展的前提和基础，随着经济社会的快速发展以及人民生活水平的不断提高，人们对生态环境的要求也越来越高。因此，在河流治理的过程中，应当更加注重保障我国生态环境效益，协调环境与经济的可持续发展。

二、河流治理的现状及问题

随着河道的自然演变，长江中下游干流河道存在着许多问题，例如，上荆江堤高流急，形势险要，防洪问题十分突出；下荆江蜿蜒曲折，泄洪不畅；城陵矶以下至河口，汊道众多。主流的摆动、崩岸及河床冲淤变化会对防洪、航运、港口、城镇建设和工农业生产等产生不利影响。

针对这些问题，国家采取了一系列措施，加高加固沿江干堤和实施河道险工段的护岸工程。

目前，两岸干堤已经基本形成完整的堤防体系。1952 年，兴建了荆江分洪工程；20 世纪 60 年代以来，实施了下荆江人工裁弯工程和河势控制工程，减少了崩岸长度，扩大了下泄流量，这些都进一步增加了堤防的防洪能力。

60 年来的河道治理，基本改变了长江下游自然演变的状况，总体河势得到了更进一步的控制，保障了沿江工农业生产设施的安全。

另外，按照规划，在“十二五”期间，需完成 5000 多条中小河流重点河段的治理任务，涉及 8000 多个项目，需要治理的河长高达 6 万多千米，年均需完成 1000 多条中小河流、1600 多个项目的治理任务。

这些举措进一步完善了防洪减灾体系，美化了人居环境，发挥了治理的综合效益。改革开放以来，长江两岸尤其是长江中下游地区的经济发展迅速，在沿江两岸进行了大批的码头、桥梁、景观建设，提高了航运效率，丰富了人文特色。

但是，近些年来，河流整治工程只是着重于提升河道的行洪能力，忽视了河流的资源功能与生态功能，从而使我国多数河流形态发生了较大变化。人类活动在上述河道治理中更加侧重于人类本身需求，而忽视了对河流生态和环境造成的负面影响，从而带来了一些比较严重的问题。

（一）河道渠化和坡面硬化

在平面布置上，为了减少工程量、节约耕地面积、减少移民搬迁，裁弯取直工程降低了天然河流的蜿蜒性，使河流形态直线化。

河道采用输水能力强、占地少、施工简便的渠道断面，使河道断面形态几何规则化、单一化。

为了使河道渗水量减少，提高输水效率和河床的抗冲性，将河床材料变为硬质化的不透水性材料，使得植物难以生长，进而又影响到了鱼类两栖类动物和昆虫的栖息，阻断了食物链；流域表面和河道断面硬质化也导致了水流下泄速度加快，使流域和河道的保水、滞水能力降低。

（二）河流的非连续化

水利工程的建设以及河流的梯级开发造成河流形态表现出不连续性。

水库、水闸等阻断了河流的纵向联系，导致下游出现减水河段甚至脱水河段，使下游水生生物的生存环境遭到极大破坏；由于下泄流量的调节，改变了河流的自然丰枯变化，阻断了上下游之间的连通性，使河流均一化，影响水生生物的生长和繁殖，并且容易引起库区及水库下游局部河段出现水体富营养化。

另外，堤防的建设也阻断了河流与陆域间的横向联系，造成堤防外的地下水埋深下降，地下水水质恶化，植被盖度分化，生态系统退化，进而影响到全流域生态系统的健康发展。

河道形态结构的变化与河道系统形态多样性的降低，使得河道系统生态环境异质性降低，引起水体自净化能力下降，河流生物栖息地被分割、孤立，生境破碎严重，生物多样性减少甚至消失，河流自我修复能力降低。

（三）点源与面源污染严重

随着城市化进程的加快，大量工业、生活污水未经处理直接排入河道，不少河流相继出现黑臭问题或富营养化现象，致使河道的生态功能几乎损失殆尽。

河流污染包含点源污染和非点源污染，点源污染主要包括工业废水与城市生活污水，是有固定排放点的污染源；而非点源污染，亦即面源污染，是以面积形式分步排放污染物而造成水体污染的发生源，属于没有固定排放点的污染源。

湖水等水体的富营养化主要由面源带来的过量的氮、磷等所造成。

我国在农业非点源污染方面的研究十分薄弱，而近十年来由土地侵蚀所引起的水体富营养化现象呈明显上升趋势。

1978—1980 年，对我国 34 个湖泊和水库的状况进行过调查，结果表明，富营养化的水体占到了 14.7%；而 1987—1989 年调查的 22 个湖泊中的富营养化已经达到了 63%，形势非常严峻。因此，必须对河流污染展开更加全面的治理，从源头杜绝污染物的传播。

（四）河流管理的体制问题

目前，河流治理大都是在没有对整条河流进行系统研究的基础上进行的整治，特别是在沿河有多个行政区参与管理的情况下，河流利用与管理出现了很多不协调的现象。例如：

（1）纵向方面，一条河流分属于不同的行政区，各区段为了实现自身局部目标，往往不顾对其他河段可能造成的影响。

（2）横向方面，传统的河道被道路、住宅区等侵占，河流系统空间减小，过水能力降低。

另外，虽然国家颁布了有关河流管理的法规，但这些法规仅是广泛地针对全国所有的河流，而对于每条具体的河流、每个省来说，都有其各自的自然规律和特点，因此容易以偏概全。

部分区域的水资源利用率低、过度开发以及不达标排放，区域间水资源的分布不均衡，使水资源短缺、水环境污染严重，“九龙治水”的问题仍然普遍存在。

三、河流治理理念的转变

20 世纪 30 年代，很多西方国家对传统的水利工程导致自然环境破坏的问题进行了反思，通过反思发现，对土地、河川的不当管理和使用，往往是造成水患严重的主要原因，并且开始有意识地着手对遭到破坏的河流自然生态系统进行修复。

1938 年，德国的 Seifert 首先提出了“近自然河流的治理”理念，标志着河流生态研究的开端。“近自然河流的治理”是指能够在完成传统的河道治理任务的基础上达到接近自然、经济并保持景观美的一种治理方案。

近年来，全球各地面临着严重的水患，以美国、英国、荷兰等为代表的一些欧美国家，是国际上河流治理及修复比较成功的范例。这些国家对生态治河研究较早，有很多自己独到的理念与技术。

荷兰的治水理念近些年也发生了重大改变。其传统的治水思路侧重于不断加高加强堤防，该国现有的堤防设计标准已经相当高，但是，在目前的极端气候条件下，也许千年一遇的洪水会更加频繁，加高堤防已然走进死胡同。

荷兰提出了“还地于河”的理念：即给河流多一些空间，将过去因水利工程从河川廊道内夺得的空间还给河流，让河流可以和以往一样自然改道，提高泄洪能力，降低水位，以恢复河流本身的蓄洪及生态功能。

美国的密茨（Mitsch）和乔根森（Jorgensn）于 1989 年正式探讨了奥德姆（Odum）等于 1962 年提出的生态工程的概念，并在此基础上诞生了“生态工程”这一理论，然后，又对将生态学原理运用于土木工程中的理论问题进行了不断地论证，这些论证为河道生态修复技术奠定了坚实的理论基础。

20 世纪 90 年代以来，美国将兼顾生物生存的河道生态恢复作为水资源开发管理工作必须考虑的项目。

同时，在过去的几十年里，拆除废旧坝、恢复生态的工作也已经展开。

到目前为止，美国已经大约有 500 座坝被拆除，并已开始对基西米河、密西西比河、伊利诺伊河、凯斯密河和密苏里河流域进行生态修复工程，同时，还规划、制定了未来 20 年长达 60 万 km 的河流修复计划。

丹麦也在对其斯凯恩河进行大规模的河道复原工程，并重新确定了自然水位和河流河谷的水位波动，以改善动植物的栖息条件。

我国对河流生态修复技术的认知起始于 20 世纪 90 年代，起步较晚。其中比较有代表性的是中国水利水电科学研究院刘树坤教授于 1999 年提出的“大水利”的理论框架，即河流的开发应强调流域的综合整治与管理，同时应注重发挥水的资源功能、环境功能和生态功能；流域的开发目标是提高流域自身的舒适度和富裕度，流域的开发管理应以可持续发展为指导原则。

目前，国家通过在全国设立河流生态修复试点，总结水生态修复的经验，以便为以后的生态治河工作提供依据。

四、河流治理中的生态保护与修复

（一）生态河堤建设

在建设的过程中，应对不同的河段利用不同的生态水利方法和材料。

利用植物技术护滩固堤，在防洪堤外迎水面的滩地，按一定的规格种植水杉、水松等水生或半水生植物。

在河道纵横面形成防护带，通过植物发达的根系（因为树干对波浪的冲刷会起到消减、缓冲作用）来保护堤防的安全。

同时，选择合适的树种经营种植，不仅可以取得可观的经济效益，还可以维护良好的水生态环境，营造人文景观等。

在有条件的河段，应尽量利用木桩、竹笼、卵石等天然材料来修建河堤，防止河道渠化，使河道底泥恢复，从而构建生态河道。

（二）修复河流形态，建设多自然型河流

采用多样化的河道纵、横断面形式，营造河流生态廊道发育空间（River Corridor），恢复河道的原有结构，保护河流形态的多样性。

沿河向及河岸两侧滩地，构造多层次的植被景观绿化带，为居民及游客提供休闲娱乐的亲水空间和多样性的生物群生存空间。

（1）拆除废旧坝、堰，设置浅滩和深沟，或建造丁坝和挑流坝，旨在营造多变的水流状态。

（2）通过适度地改变流向和流速以及其他一些措施，来为不同的生物种群提供适宜的栖息环境及避难空间。

（3）同时还应专门设置各种类型的鱼道，通过形成水流的紊动，使氧气从空气中传递入水中，以增加水中的溶解氧量，以利于好氧微生物、鱼类等的生长，从而使河水变得清澈、舒适。

（三）生态调度，提高江湖之间的联系

生态调度的基本概念并不是指狭隘的“生态用水”这一单一的概念，而是通过向断流的河道和生态退化区域实施输水，避免和挽回工程对自然环境和河滨地区的危害，修复已丧失的生态功能或保持自然径流模式，联通江河与湖泊之间的水道，“还地于河”。

充分利用中小河流，因地制宜地开凿新河，引流河水，让整个陆域水系“活”起来，从而达到修复河流生态系统的目的。

例如“引黄入淀”，将黄河水引进白洋淀后，生态环境得到了显著改善，水域面积也由补水前的 60 km^2 扩展到了 100 多 km^2，白洋淀区的鸟类种类达到了 192 种，鱼类资源也恢复到了 17 科 34 种。

（四）有效防治污染，改善水质

目前，预报非点源化学污染物运移的模型主要有 ANSWERS，GREAMS 和 AGNPS 等。

（1）ANSWERS 模型主要用于预报次降雨条件下的表面径流量、土壤侵蚀量和污染物的流失量。

（2）GREAMS 模型是由土壤侵蚀子模型、水文子模型、化学物质侵蚀子模型组成，主要是用于评价田间尺度多种耕作措施下的土壤侵蚀和水质状况。

（3）AGNPS 模型则是一个基于方格框架组成的流域框架的分布模型，主要是由栅格来采集模型参数，用以模拟次暴雨径流和侵蚀产沙过程；对于径流，采用美国水土保持局的径流曲线数法进行预测。

（4）对于产沙量，是利用 USLE 直接计算，同时还可以模拟计算土壤养分的流失。

在面源污染治理过程中，我国应当借鉴国外的预报模型，研发自己的污染物运移预报模型，统一全国的农业污染物危险评价指标体系，建立我国农业非污染物运移的监测网，实行绿色农业补贴。

对农民开展教育培训，增加技术支持，从而减少农业肥料和药品的施用，降低非点源污染。

加大对工厂乱排乱放的惩罚力度，加快整治中小河流，提高河流两岸的植被覆盖率，从而改善流域水质。

（五）流域综合管理及新技术应用

现代河道治理不应当仅仅局限于防洪抗旱，为了治河而治河，而是应通过流域的综合整治与管理，使水系的资源功能、环境功能以及生态功能得到充分发挥，整个流域实现可持续发展。

1. 完善健全河流管理体制

在河流管理实践中应当遵循以下原则：①尊重性原则；②整体性原则；③不损害原则；④评价性原则；⑤补偿性原则。以流域为管理单元，在政府、企业、公众的共同参与下，应用技术、行政、经济、法律等手段，对流域内的资源进行全面协调，实施有计划地、可持续性地管理，促进流域公共福利最大化。完善现有的法律法规，制定《流域管理法》，对大江大河专门立法并制定相关的配套法规。另外，对于环境保护、水资源保护、水污染防治、水土保持、防洪等，在立法上应进行综合平衡考虑。

我国水资源总量大约为 2.8 万亿 m^3，人均水资源量仅有 2200 m^3，为世界人均水资源量的 1/4，且时空分布严重不均。因此，应充分发挥河流调度功能，利用这些水资源为人类造福。

（1）对河流水沙实施统一调度管理：保证河流系统功能健康的临界水沙条件，建立水库水沙联合调度多目标决策模型，进行梯级水库的联合调度及优化，并建立起全流域的水沙资源调控体系。

（2）对河流水量水质实施统一调度管理：增加水量，减少污水，转变防治策略，统一配置水资源，保证河流合理开发利用，实现流域的综合管理。

（3）对河流洪水实施调度管理：加强防洪工程的建设和对洪泛区的管理，编制洪水风险图，建立洪水预报警报系统，运用水库、蓄滞洪区充分调度，综合运用工程、法律、行政、经济、技术、教育等手段，形成更加完善的防洪安全保障体系，以达到防洪减灾的目的，促进社会经济的可持续发展。

2. 数字化管理

目前，所采用的数字化技术主要是“3S”技术，该技术包括：遥感技术（Remote Sensing，RS）、地理信息系统（Geographical information System，CIS）以及全球定位系统（Global Positioning System，GPS）。

将这些技术“看得远”“看得全”“看得真”“看得细”的特点应用到河流的治理当中，建立起一个数字流域，直接为流域的防洪抗旱减灾、水资源综合管理以及水环境保护等决策服务，以提高流域的管理水平，实现水资源的可持续利

用，并提供全方位的信息服务和决策支持。

河流的生态治理是一个循序渐进的过程。在这个过程当中，需要综合考虑到各方面的因素，充分借鉴国外生态治河的理念和经验，结合水力学、生态学、工程学等方面的知识，从河流生态环境的系统性和河流利用与管理的协调性出发，在保障生态环境的前提下治河、用河，实现河流的可持续发展。

第二章　生态流量的法律确认及其法律保障思路

第一节　生态流量法律保障的核心

生态流量是“生态水”生态功能实现的法律表达。水虽为一个整体，但却具有多重功能，满足人类的需求而言，其功能具有层次性与时序性：最初是水对人们饮用、生活需要的满足，随着生产力的进步，水作为一种重要的资源对生产活动也具有重要意义；工业生产的大规模发展产生了严重的环境污染，包括水环境质量在内的环境质量成为人类的关注点，水污染防治、水环境保护作为人们对水体的新需求产生出来的作为完整生态系统的一部分，大量的水资源开发利用以及水污染引发的严重生态灾难，物种减少甚至灭绝，生态系统恶化甚至崩溃，使得人类对水体的生态功能需求日益扩大。时至今日，水资源、水环境、水生态“三位一体”，缺一不可。生态水生态功能的实现实质上是对人类生态利益需求的满足，当下生态环境问题频发的大背景下的必然选择，生态流量恰是其适当表达。

一、生态流量反映出的利益冲突是合法利益冲突

生态流量冲突广泛存在并引起严重后果，可以将其划分为两大表现形式。

（一）上下游因生态流量泄放引发的用水之争

水电站用水过程中，上下游因生态流量泄放引发的用水之争，实质上表现为不同用水权人的合法利用水的权利之冲突。

如 2014 年发生在广西壮族自治区龙胜各族自治县的村民与当地的水电站的纠纷，最终以三位带头的村民被认定为破坏生产经营罪而终结。

表面来看，村民选择破坏水电站闸门和启闭机自行放水是由于水电站拦河筑坝蓄水、未依法下泄生态流量导致下游河鱼减少、生态环境受到破坏进而影响村民生产生活所致，而实质上则是村民与水电站在水资源利用过程中因生态流量泄放不足而发生利益冲突，是水资源的经济利益在水电站与村民之间的分配问题。

此类纠纷名为“生态流量”之争，实为“用水量”之争，是两个合法用水权之间关于水量的冲突，农民并不重点关注生态功能是否实现，而是关注因生态流量泄放不足而引起其水资源经济利益减损。

这样的利益冲突在实践当中广为存在，社会调查中可见水电站周边农民对水电站生态流量泄放不足而引起的私下争斗十分广泛，但是像上述所引发的案例一样构成刑事案件的则不多见。

（二）水电站生态流量泄放不足引发周边生态恶化

生态流量冲突的第二种表现形式是因水电站生态流量泄放不足引发周边或下游生态恶化。祁连山环保督查通报中指出的生态流量不满足要求则是此种表现。生态流量是指作为承载有生态功能的水为了实现其自然生态系统的全部功能而需要的水量以及水文过程，其核心在于水的生态功能之实现。因该生态流量而产生的利益冲突表现为用水人的经济利益与社会公众的生态利益之间的冲突，也即水的经济利益与生态利益的冲突。水的经济利益权利人明确具体，而生态利益作为一种公共利益其代表主体往往十分模糊或者在主张利益时并不积极，对水资源利用中产生的生态利益受损情形往往会因为缺乏具有足够主动性的主体而显得“无人关注”，也即所谓的“公地悲剧”。如中央督查组在 2017 年就甘肃祁连山国家级自然保护区生态环境问题的通报指出的那样，位于保护区内的水电站由于在设计、建设、运行中对生态流量考虑不足，导致下游河段出现减水甚至断流现象，水生态系统遭到严重破坏。若非中央环保督查组通报指出，长久以来的减水、断流、生态系统受损现象并无具体权利人关注此即生态流量的核心要义，即是为了保障生态利益而对用水权人的经济利益产生一定程度的限制，是两个利益之间的冲突，且该两种利益均是人类应当享有的合法利益。

二、生态流量法律保障的核心在于平衡异质利益冲突

私主体之间因生态流量泄放不足产生的水资源利用纠纷可以通过民事途径予以解决，而生态流量引发的资源水的经济利益和生态水的生态利益之冲突属于异质利益冲突，既有的制度无法调节该冲突。

生态流量保障是对两个合法的异质利益冲突之间的平衡，而非对非法利益与合法利益之取舍，不是非此即彼的、你死我活的利益冲突下的抉择。

这两个冲突是指两个正当利益如何实现的选择自由的冲突，是两个正当利益优位性选择的问题，表现形式是基于可行条件和问题的紧迫性的时空优先顺序的安排，并非对抗性的淘汰式选择。

正当利益的冲突是利益所蕴含的价值之间的冲突，而非利益本身具有否定性特征，对该价值冲突不能用排除的方法解决，只能用“权衡”的方法来解决。

经济学上认为，对于经济利益之间的冲突，其处理方式比较简单，即实现利益的最大化是处理利益冲突的最优选择。

生态流量折射出的冲突并非经济利益之间的同质利益冲突，其表现为诉求、张力均具有不同质属性的异质利益冲突。

此处简单地使用“利益最大化”的处理原则并不能解决该冲突。一般认为，民商法的核心在于处理财产关系，根本上在于处理经济利益冲突，因此民商法强调物尽其用，这实质上是利益最大化的选择，是获益最大化，是在功利主义效率原则作用下的选择。

民商法之所以可以“两利相较取其重”，强调利益最大化是由于民商法所处理的利益冲突是同质利益冲突，冲突双方所享有的均是经济利益，双方的经济利益可以量化并做出一个轻重的比较。

生态流量背后折射的生态利益并不总是可以核算为经济价值。

生态利益所具有的代际性、不可替代性以及生态利益受损后人类历史内的短期不可弥补性等属性决定了无法用牺牲生态利益的方式让位于经济利益，在经济利益与生态利益发生冲突的情景下“利益最大化”原则应当为“损害最小化”原则所取代。

生态流量背后折射的利益冲突是生态利益与经济利益的冲突，二者非同质利益，属于性质完全不同的异质利益，简单地将其经济化并对比其大小，既不具有可操作性，也不能实现对两种利益的充分保障，往往是牺牲了生态利益。

因此，在面对经济利益与生态利益以及环境利益的冲突之时，“两害相权取其轻”是其衡量原则，应当强调损害最小化损失最小化应包含有两个要素：

（1）确实受到损失，而且这个损失是必须付出的。

（2）损失是他人的所得利益的获得者必须支付对价。

因生态流量泄放不足引起的生态系统破坏是为了满足用水权人的经济利益而对社会公众的生态利益的损害，损害已经实际发生，且在水量不能兼顾用水权人的水量和生态流量的水量之时，必须对这两种利益做出一个权衡。

之前面对该冲突时，用水权主体明确，积极主张其权益，往往是作为社会公共利益的生态利益受损。

而在当下，生态系统无法继续承载人类的行为之时，再对生态流量漠不关心则会带来不可逆转的生态灾难，最终危及人类生存与发展。

为此，十分有必要将生态流量作为水体生态功能实现的法律表达方式，在此基础上构建生态流量保障制度，在生态利益保护与用水权人的水权之间做出“权衡”，将损害降低到最小化。

第二节　我国生态流量保障法制

一、我国生态流量保障法制梳理

我国对生态流量保障的法律制度起步较晚，这与人类对水体功能的不同需求密切相关。大规模的水电开发利用产生的上下游水量分配需求以及日益严重的生态环境恶化要求人们关注水体的生态功能，生态流量是生态水生态功能的法律表达。为此，国家及一些涉水的地方为保障生态流量制定了若干规范性规定以及一些保障措施。

国家层面出台的保障生态流量的规范性文件主要包括：

（1）2006 年 1 月原国家环保总局颁布《水电水利建设项目河道生态用水、低温水和过鱼设施环境影响评价技术指南（试行）》。

该指南明确了对于会造成下游河道减脱水的水利水电工程，必须下泄一定的生态流量及采取相应的生态流量泄放保障措施。

基于该指南，水利水电工程初期蓄水和运行期下泄生态流量值确定和泄放措施保障等成为环评阶段重点论证内容。

（2）2012 年发布的《国务院关于实行最严格水资源管理制度的意见》要求开发利用水资源应维持河流合理流量和湖泊、水库以及地下水的合理水位，充分考虑基本生态用水需求，维护河湖健康生态。

（3）2014 年生态环境部发布的《关于深化落实水电开发生态环境保护措施的通知》中指出，应根据规划河段生态用水需求，初拟相关电站生态流量泄放要求，合理确定生态流量，认真落实生态流量泄放措施。

（4）2015 年国务院发布的《水污染防治行动计划》中明确提出要“科学确定生态流量。在黄河、淮河等流域进行试点，分期分批确定生态流量（水位），作为流域水量调度的重要参考”。

除国家层面外，一些涉水省市也出台了保障生态流量的规范性文件及措施。

例如：

（1）2010年出台的《辽宁省水能资源开发利用管理条例》强调在编制水能开发利用规划中应当保证上下游河流生态流量，水能资源开发利用权人应当保证上下游生活、生产、生态基本用水流量。

（2）2012年发布的《四川省人民政府办公厅关于加强2.5万kW以下小水电工程开发建设管理的意见》以及2016年发布的《四川省人民政府关于进一步加强和规范水电建设管理的意见》要求各开发单位从水电开发前期、项目建设过程、工程竣工验收等各阶段确保河流生态流量。

（3）2011年发布的《广东省水利厅关于小水电工程最小生态流量管理的意见》对最小生态流量的定义、确定、泄水设施做出了具体规定。

一些水电站集中的地、市也纷纷出台生态流量保障的规范性文件，例如：（1）《恩施州水电站生态流量监督管理办法》《宜昌市小型水电站生态流量泄放工作实施方案》《莲都区关于加强水电站下泄生态流量监督的通知》《天全县水务局关于再次强化水电站生态流量下泄监督管理的通知》；（2）甘肃省张掖市《关于严格执行水电站最低生态下泄流量的通知》《关于祁连山国家级自然保护区内水电站生态基流驻点监控和联合巡查工作方案》《关于加快水电站生态基流下泄监控设施安装进度的紧急通知》《关于水电站安装计量设施及建立生态下泄流量水情报告制度》；（3）济南市《重点水体生态流量（水位）试点工作实施方案》。

二、我国生态流量保障法制需要改进的地方

制度直接制约生态流量保障的落实，无约可守或规范不具有操作性成为水生态功能实现受阻的重要因素，梳理我国生态流量保障规范性文件可以看到生态流量保障法律制度建设中存在一些需要改进的地方。

首先，生态流量保障规范多以实现污染防治为目标，或附庸于水利水电建设工程环境保护，不能体现生态流量作为“生态水”功能的法律表达之属性，生态水的生态功能实现需要提高。

一些规范性文件将生态流量主要作为水电站环境影响评价制度的落实要求，例如：

（1）2006年颁布的《水电水利建设项目河道生态用水、低温水和过鱼设施环境影响评价技术指南（试行）》对生态流量泄放提出要求，但只是作为环境影响评价制度的一个方面。

（2）2012年发布的《国务院关于实行最严格水资源管理制度的意见》以及

2014 年发布的《关于深化落实水电开发生态环境保护措施的通知》均涉及生态流量保障要求。

（3）2015 年国务院发布的《水污染防治行动计划》也提出科学确定生态流量的要求，但前者是作为水电水利建设工程环境保护目标实现的环境影响评价制度的一个评价方面，后者也在于水污染防治，并非基于水体生态功能整体实现。

修订后的《水污染防治法》第二十七条将维持江河流量作为水污染防治的一项重要监管措施，但是需要突出水生态功能完整实现的要求。

水资源、水环境、水生态是完整的“三位一体”，缺一不可。生态水生态功能的实现实质上是对人类生态利益需求的满足，是当下生态环境问题频发的大背景下的必然选择，生态流量被确认为一项独立的生态环境保障制度更有利于原本处于弱势的水生态得到充分关注。

其次，既有的生态流量保障规范多为技术指标及操作规范，还需要体系化的生态流量保障设计。生态流量是生态水生态功能的法律表达，其核心目标在于实现水体所具有的资源水、环境水、生态水功能之生态功能，目前已有的生态流量保障规范从国家层面而言，出台的《技术指南》将其作为环境影响评价制度实现环节中的一个评价因素，在利益诉求上也更加关注生态流量对水质的积极效应，即技术指标更多集中于对水环境质量的保持或提高。生态流量的本质在于实现生态水的生态功能，即对于维护水体本身的生态系统稳定而需要的水流量以及水文过程。逐渐恶化的水质会对水体的生态系统产生消极影响，但是水质的提高并不能当然地稳定水生态系统。以环境影响评价制度的约束保持或改善水环境质量会对当地及下游的生态系统稳定产生积极的效应，但并非根本因素。水生态系统的稳定从根本上还有赖于生态流量的保存，水质提高同时为其增加正向效应。目前，无论是国家层面，还是地方，更多地倾向于通过环境影响评价制度的落实，水环境质量提高的路径保障生态流量，这对于生态系统的保护具有积极意义，但其效果有限。完整的、体系化的生态流量保障制度才是以生态水生态功能的发挥为根本目的的制度选择，更具有针对性和实效性。

最后，生态流量保障主管机关需要明确，更需要行之有效的管理体系。我国针对水污染防治重在保护水环境的《水污染防治法》和针对水资源利用重在规范水资源的《水法》在功能区、总量控制、规划等诸多方面的制度规定需要保持一致，主管机关、水利部门和环保部门之间的职责划分要清晰明确。

水利部门和环保部门在水质管理机构、涉水的监测手段与监测数据以及数据发布平台等方面的规定应该统一。水体开发利用以及保护过程中要避免“水利不上岸、环保不下水”，水利部门与环保部门就水资源利用与水环境保护之间需要明确的分权。

而水体本身，无论其为人类提供水资源、水环境，还是对人类生态系统产生重要影响的水生态，均是人类需要的人为分割，水体本身不存在功能分割的物理基础。

人类已经意识到这一问题，我国也提出了水资源流域与区域相结合的治理模式，但是值得注意的是：我国的七大流域机构作为水利部的派出机构，职能受部门授权制约，不能对流域进行整体性综合管理，难以承担跨部门的综合管理，改革以来的分权化过程在客观上强化了区域水管理职能，水资源管理的职权几乎被区域划分完毕，流域管理机构只能利用自身优势从区域夹缝中寻求用武之地。

水资源利用中的流域管理需要满足水体整体性的客观要求，流域管理机构需要实现水资源流域管理的职能，在水利主管部门之下对资源水开发利用的流域管理，要多关注环境水的水质问题，考虑生态水的生态功能实现问题。

水利部门作为水电站的主管机关，需要充分关注生态流量保障问题。主管机关分权应明确，防止出现“权力真空”地带或者是在实践中相互推诿而造成生态流量保障无法落实到位的情形发生。

第三节　生态流量法律保障的基本思路

生态流量是生态水生态功能实现的法律表达，其实质是异质利益冲突下的价值选择。通过法律保障生态流量的实现是一个系统的复杂工程，笔者在此就生态流量法律保障的基本思路进行分析。

一、明确生态流量的法律定位

法律对生态流量进行调整不是人类的随意选择，而是人类与自然关系进入矛盾重重的当下必须做出的理性选择。人类的快速发展与自然环境之间的矛盾日益明显，除了已经纳入法律调整视野的资源开发利用和环境污染防治问题之外，生态系统的恶化正在缓慢、却不可忽视地进入人类视野，且其严重程度迫使人类必须做出相应的回应以避免更严重后果的出现。生态问题与之前出现的资源利用和环境污染问题相比，其潜在性、隐藏性更加明显，该后果的出现较之于前二者也较晚一些。在通过法律已对资源开发和环境污染问题进行了较为全面规范之后，人类终于发现了与资源开发、环境污染密切相关，却不能为二者涵盖的生态问题。无论是生态问题，还是已经纳入法律调整的资源开发与环境污染问题，均是由于人类行为对自然环境的过度干扰而产生，法律作为调整人类行为的重要控制手段能够发挥积极的效用。因此，探讨通过法律调整生态流量是实现人与自然和谐发展的一个关键方面，其实质是通过法律制度分配生态流量保障过程中产生的异质利益并协调该利益冲突。从法律上保障生态流量，我们应当对生态流量形成如下基本认知。

（一）明确生态流量是人类对生态水需求的法律回应

人类对生态水的需求从人类诞生之初就客观存在，但将生态流量作为生态水需求的法律回应则是当下严峻生态环境背景下的迫切要求。水体作为大自然的一个组成部分，其出现先于人类并已存续亿万年。在人类出现之前，水体就对地球上的生物具有重要意义。人类出现之后，对于水体功能和价值的认识具有阶段性，人类对水体的价值需求具有时序性，资源水、环境水、生态水依次出现在人类视野中并逐渐被纳入法律调整。人类出现之初，饮用、灌溉与水密切相关，随着工业时代的来临，工业生产需水量增加，无论是生活用水，还是生产用水，此时人们主要关注水的资源性价值，法律规范也着眼于资源水在不同使用主体间的分配。

随着人口激增，人类除了向自然索取包括水资源在内的自然资源，还向环境排放大量污染物，水体是容纳污染物的重要空间。

水环境的不断恶化以及发生的骇人听闻的“公害事件”使人类不断反思并约束其排放行为，最终形成了保护水环境的法律制度体系①。

在人类大量索取水资源并向水体排放污染物引发严重的资源短缺以及环境污染后果时，一个潜在的、为人类所忽视的更大灾难在悄悄靠近人类，即生态恶化。生态恶化盖因水资源的减少与水环境污染而加重，但又无法为资源短缺与环境污染问题涵盖，它是一类与资源短缺与环境污染具有正相关性但又呈现独立形态的环境问题，为此，出现了与资源水、环境水相并列的生态水的概念。

① 落志筠.生态流量的法律确认及其法律保障思路[J].中国人口·资源与环境，2018，28(11)：102–111.

生态水并非一种独立的水体形态，而是水体在满足人类不同需要过程中对人类生态需求满足的回应。

正如习近平同志指出的那样，自然界的淡水总量是大体稳定的，但一个国家或地区可用水资源有多少，既取决于降水多寡，也取决于盛水的“盆”大小，这个“盆”指的就是水生态[①]。

（二）明确生态流量的核心在于保障社会公众的生态利益

生态流量易与环境污染在一些调整手段上重合，但并不可相互替代，生态流量保障也会与同一水体上的既有资源水权产生利益冲突，需要在两个合法的异质利益之间寻求平衡点。

美国社会法学家庞德（Pound）认为，利益是“人们，个别的或通过集团、联合或关系，祈求满足的一种要求、愿望或期待，因而利益也就是通过政治组织社会的武力对人类关系进行调整和对人们行为加以安排时所必须予以考虑的东西”[②]。

法律是政治组织社会治理的重要方式，法律与利益的关系极为密切，法律所体现的意志背后是各种利益，法律的任务就在于解决利益冲突、实现利益平衡。法律正是在对利益的控制过程中，体现其生命力，表明其自身的地位。

法律通常只选择和确认利益体系中的基本的和重要的并且与社会生活具有关联性的利益作为法律利益。在人类行为尚未危及生态系统功能之时，人们对于生态系统提供的生态功能在客观上受益，但尚未上升为法律利益而当生态系统的生态功能恶化到危及人类生存发展之时，生态利益保护就成为人类迫切需要的利益，需要纳入法律的调整视野。

然而，由于水体所承载的水资源、水环境、水生态功能并不能在物理上加以区分，在表征为生态流量的生态利益纳入法律调整之时，会产生与同一水体上既存利益的冲突。

资源水、环境水、生态水对应的资源利益、环境利益与生态利益在实质上表现为两大利益，即表现为私人利益的经济利益与表现为公共利益的环境利益和生态利益。

目前法律实现水资源利益通过水权制度完成，而对环境利益的保护通过国家配置环境容量使用权（也有称之为“排污权”）实现。

① 李建华.坚持科学治水全力保障水安全[N].人民日报，2014-06-24(07).

② 陈乃新.经济法理论论纲：以剩余价值法权化为中心[M].北京：中国检察出版社，2003.

生态流量代表的生态利益与环境利益具有同质性，一般而言，二者具有正向效应，即环境利益得以实现，环境质量良好，则生态系统功能呈现良好态势，而环境质量恶化也会影响生态系统的稳定。但生态系统与环境质量并不能画等号，生态系统除了对环境质量要求外，还对物种、系统稳定性有要求，不能以既有的环境容量相关制度替代生态流量保障制度。生态流量蕴含的生态利益与经济利益产生异质冲突。

水体上存在的水权是指人类在开发、利用、管理和保护水资源的过程中产生的对水的权利，是用水权人获取生产、生活用水的法律保障，用水权人对水权利益的期待主要源于水体带来的经济利益，即对生活、生产用水的满足。生态流量则是为了满足水体具有的生态功能而对水体提出的水量及水文过程的要求，这就要求之前已经存在的水权人在水权实现过程中为了满足生态流量的要求而放弃或限缩部分权利。这就会在生态流量实现过程中产生生态利益与经济利益之冲突。法律具有利益平衡功能，能够对各种利益的重要性做出估价和衡量，并为利益冲突的协调提供标准。通过法律对相冲突的利益做出价值衡量并进行平衡，实现生态流量保障目标。

（三）明确生态流量法律保障与环境污染防治不可相互替代

生态流量法律保障是独立于环境污染防治的独立法律制度，其在法律效果上可以对污染产生正向的抑制，但并不可相互替代。

法律需对生态流量予以明确界定，从生态流量的基本属性及其实现目标出发，构建完整的生态流量保障制度，而不是将生态流量保障作为环境影响评价制度的一个评价因子予以考虑。

法律定位的明确，将生态水生态功能的实现作为独立的价值需求独立于资源水与环境水之外，满足中央提出的发展，需满足水资源、水生态、水环境承载能力的刚性约束，与人口、经济与资源环境相均衡，实现空间的均衡发展。

这就需要在国家层面上确认生态流量的法律地位，明确其作为生态环境保障制度的一项独立制度的重要意义，并在此基础上实现国家、地方法律法规与社区自治规范的多层次规则嵌套。

（1）建议在顶层设计中明确水资源、水环境、水生态的不同功能价值并确立不同的实现路径。

（2）将生态流量作为生态水生态功能实现的法律表达予以立法确认，作为独立的价值以及制度再次出现，在此基本认知之上形成全流域视角下的国家、地方

规则与水流域社区自治规则的多层次规则嵌套。

二、融合政府管理与社会治理

生态流量所蕴含的生态利益的实现是公共利益的实现，其不同于私有财产权实现过程中可以依赖权利人对自身权利的捍卫而自动完成，公共利益因缺乏明确具体的权利主体导致其实现过程中“搭便车”或“公地悲剧”现象频繁出现。

亚里士多德曾指出凡是属于最大多数人的公地常常是最少受人照顾的东西，人们关心着自己的东西，而忽视公共的东西。

戈登也有说过，属于所有人的财产就是不属于任何人的财产，这句保守主义的格言在一定程度上是真实的。

所有人都可以自由得到的财富将得不到任何人珍惜。如果有人愚笨地想等到合适的时间再来享用这些财富，那么到那时他们便会发现，这些财富已经被人取走了……海洋中的鱼对渔民来说是没有价值的，因为如果他们今天放弃捕捞，就不能保证这些鱼明天还在那里等着他们。

长久以来，在人类行为对生态系统的干扰尚不足以打破生态规律、没有产生根本性的生态恶化之前，人类对生态系统的生态功能并不投以“热烈”的关注，而将其作为大自然天然的“馈赠”。

但是随着人类对生态系统的扰动突破生态承载力极限，生态系统开始一系列“报复”，诸如物种多样性的减少、生态功能的退化，甚至原有生态系统的完全凋零，人们开始注意到大自然在提供貌似可以独立分割的自然资源以及环境容量之外，大自然本身具有的因生态系统整体性而表现出来的生态功能具有全局性的整体意义，且不容忽视。生态流量是对生态水生态功能实现的法律表达，显然具有强烈的公共属性，需要社会公众的自主治理与国家管理有效融合。

政府管理与社会治理的融合一些基本的思路如下。

（一）明确政府主管机关

长期以来，水资源开发利用主要由水利部门行使监督管理权限，而水体污染则由环保部门进行监管“水利不上岸、环保不下水”的管理模式与水体的整体性不能兼容。

2018 年政府机构改革针对此问题做出了回应，将山水林田湖草一体管理的思路确立下来，并为此调整各职能部门，形成自然资源部与生态环境部水资源调查和确权的职能由自然资源部行使，而原由国土资源部监督防止地下水污染，水利部编制水功能规划、排污口设置管理、流域水环境保护以及国家海洋局海洋环境保护职能则整合由生态环境部负责。

（二）将山水林田湖草作为整体

政府管理与社会治理均要将山水林田湖草作为整体，对于水体而言，更加强调其全流域的治理与管理。生态流量保障既与水资源利用人密切相关，也与所有享受水体生态利益的公众密切相关。政府管理以及社会治理均要以此为出发点，考虑历史上的水量分配、现实法律制度下私权利的保障以及生态系统保护的迫切性，在诸多合法利益冲突之间寻求一个平衡点。

（三）建立生态流量适应性管理模式

适应性属于生态学术用语，是指生物体对所处生态环境的适应能力。生物所处生态环境的激烈巨变会导致生物在短期内无法适应甚至濒临灭绝，但是生物遗传组成赋予生物的生存能力能够决定物种在自然选择压力下的适应性，生态流量保障在于恢复、保护生态水的生态功能，这与生物的适应性密切相关。生态流量是与生物适应性密切相关的，建立生态流量适应性管理模式，因应生物适应性所表现出的不同变化动态地调整生态流量要求。建立生态流量动态调整制度以及生态流量监测警示制度。

（四）建立严格规范的水电企业生态流量管理制度

政府、企业、社会在水生态环境保护中均不可或缺，水电企业是生态流量保障的重要主体，水电企业生态流量规范管理是重要的一环，企业作为市场主体，追求经济利益是其根本属性，其自愿放弃经济利益而实施生态环境保护的内在驱动力相当微弱甚至不存在。通过建立严格规范的水电企业生态流量管理制度，增加企业的违法成本，对企业生态流量保障形成“硬约束”。

同时，通过吸收借鉴国外绿色水电认证制度的合理内核，逐步试点推行绿色水电认证制度，通过绿色水电优先上网等制度对水电企业形成“软约束”。

（五）设计社会治理的完整路径

生态流量社会治理是将公众维护生态利益的热情与积极性调动起来的一种有效方式，这就要求设计社会治理的完整路径，包括治理规则制定前对全部利益因素的综合考虑、规则制定过程中社会公众广泛参与、规则实施过程中社会公众主动参与以及出现生态利益受损时的事后救济维权。

全过程公众参与的制度保障，确保公众对于“私产”不同的公共领域——水生态状况的关注并落实到保护行动中，切实保护生态利益。

三、流域视角下的规则嵌套

生态流量保障法制建设的首要需求是从流域全局出发，满足水体作为一个整体自有的生态规律作用要求，同时也考虑到山水林田湖草整体生态规律的作用，国家对自然资源部与生态环境部的机构改革以及生态红线制度的确立，均是在满足自然规律前提下做出的人类行为选择。水体的流域性特征更加明显，既有的以行政区划的方式对水体的管理没有有效遵循水体自有生态规律与作用机理，因此近几十年水的问题十分突出，生态流量本就是水的生态功能实现之法律表达，该生态功能的实现是全局性的、流域性的，甚至是全国性的。因此，生态流量保障的规则在制定之初就应当站位于水生态系统的整体性上予以考虑，这是生态流量保障制度设计的前提。流域视角、全局视角是生态流量保障制度的基本切入点。

生态流量实现的生态功能、承载的生态价值是一种公共利益，涉及流域、区域甚至全国的生态系统稳定，具有典型的公共属性。在这一治理过程中需要国家、流域、公众以及利益相关的私主体共同努力，为此单一的国家法律法规需要与流域社会治理规则以及相关水电企业的内部规则共同作用，形成多层次规则嵌套。

（一）以国家法律法规为前提

国家法律法规是前提，需要在遵循自然生态规律的基础上形成满足资源、环境、生态多重要求的规则体系，以此为制定操作规则的依据。流域社会治理规则以及承担生态流量泄放义务的水电站管理规则以国家规则为依据，法律允许或限制内，按照法律规定的规则制定并执行生态流量保障的规则，形成全流域视域下的多层次规则嵌套。

（二）制定流域共同体协议

流域社会治理规则是指在法律规范之下，基于不同利益追求的用水人之间协商、博弈后形成的共同遵守的规则。这一规则，主体包括享受生态利益的社会公众，包括历史上即享有取水权进行生产、生活的原著居民以及因国家许可而获得取水权的水权人。

主体间可以就流域水的功能、水量配置在遵守国家法律法规前提下、依据历史习惯以及科学测算而制定流域共同体协议，就生态流量的水量、水文过程与水权人的取水权行使以及原著居民的在先用水权利形成流域共建共享协议，共同遵守协议规则，保障各自经济利益以及公共生态利益的平衡实现。

（三）对已有法律权利进行限制

生态流量保障目标的实现是直接冲突水电站享有的用水权，生态流量实现的核心是解决人们在怎样的限度内行使传统上形成的权利的问题。

面对生态规律客观要求而引发的生态流量问题，要求人类对已有法律权利进行限制，即在已有权利基础上形成生态义务的理念并且加以落实和实践。

作为对上游水体或水流享有权利的私权主体，应当在其权利满足的过程中充分关注生态流量保障，这就不可避免地产生既有权利实现与生态流量保障之间的冲突。这是因为“二者适用法律的人为二分（即取水法律保护与环境法律保护的分别适用法律）更加剧了这种冲突；水质与水量在物理上不可分，但法律却分开了”①。

取水权设立在于实现权利人的经济性用水，而生态流量保障目的是直接减少水权人的用水量。以锦屏二级水电站减水河段生态流量测算为例，如果将锦屏二级减水河段的生态流量测算为 45 m^3/s，这个最小流量相当于西南山区一条中等规模的河流，对鱼类保护的意义不言而喻；但同时也意味着锦屏二级水电站以每年减少约 14 亿 kW・h 的电量（约 4 亿元的售电收入）换取 119 km 水域的鱼类生存空间。

可见，驱动用水权人主动为生态保护而放弃经济利益的内在力量极度欠缺，而经济损失产生的刺激则强化了用权利人减少生态流量泄放的意愿。因此，生态流量的实现不能寄希望于用水权人主动完成，而是需要强有力的外在约束。

为此，国家法律法规中确认经济刺激与法律制裁的双重管制模式，推动水电站用水权人积极落实生态流量泄放义务，如可以将生态流量的落实同水电优先上网等相结合，同时对违反生态流量泄放要求的用水权人实行分级制裁，以确保生态流量保障最终落实环节可以“落地”。

但仍需注意的是，用水权人的合法权利不得受到非法剥夺与侵害，因制度变迁而引发的对用水权人既有合法权利的有限度约束与限制应当有完善的补偿制度与之相匹配。

自然界存在的水体是一个整体，因其对人类不同需求的满足出现了水资源、水环境、水生态之说。

---

① 落志筠.生态流量的法律确认及其法律保障思路[J].中国人口・资源与环境，2018，28(11)：102−111.

法律是对人类行为的调整与控制，对水的调整因人类需求不同而呈现差异化。对水资源的开发利用主要通过私法上的财产权予以规制，实现用水权人的经济利益；对水环境的保护及污染防治主要通过环境法实现，主要通过对环境容量使用人的排污权许可与限制实现水环境质量的保护，水生态的维护与水环境保护一样为了实现公共利益，需要以公共利益保护为本位的环境法予以规制。

生态流量是水体生态功能实现的法律表达，法律应当明确其法律地位，在山水林田湖草一体管理的背景下建构完善的生态流量保障制度，从国家顶层设计、到流域社会公众治理、到水电站生态流量泄放义务的落实形成完整的、多层次嵌套规则。

笔者在此就生态流量法律保障的基本思路做一大胆设想，并将在日后研究中针对生态流量保障制度进行进一步体系化研究，以期能够形成完整的生态流量保障制度体系。

第三章　生态流量管理的主要模式

第一节　以生态保护目标为核心管理模式

河湖中的水生生物都有各自的生存环境需求，一些特有水生生物还有产卵洄游等特殊需求。

对于存在具有特殊需求生态保护目标的河湖，如长江（中华鲟）、黑龙江（鲑鱼）、青海湖（湟鱼）等，其所有的生态流量管理措施都要根据生态保护目标的需求制定，不仅保证足够的水量、清澈的水质，还要保障其生殖繁育的流速、水温等条件。这种情况下，生态保护目标对栖息地的要求就是生态流量管理的目标。

一、生境的内涵及类型

（一）生境的内涵

生境即栖息地，美国格林内尔（Grinnell）（1917 年）首先提出生境一词，即 habitat，他定义生境为生物的生存环境的空间范围，一般指生物生活的生态地理环境。

生境通常指某种生物或某个生态群体生存繁衍的地域或环境类型。广义上的栖息地概念中包含了生物的生存空间以及生存空间中的全部环境因子。

（二）生境的类型

1. 按空间尺度分类

河流生物栖息地分为宏观栖息地、中观栖息地和微观栖息地。宏观栖息地主要包括流域和整体河段，中观栖息地包括局部河段和深潭、浅滩，微观栖息地指河流流态、河床结构、岸边覆盖物等[①]。

2. 按生境因子分类

河流生物栖息地中包含了许多生境因子。根据生境因子分类，其大多被分为两种类型：一类是功能性栖息地；另一类是物理栖息地。

① 郭文献，王艳芳，徐建新.河流生境研究综述[J].华北水利水电大学学报(自然科学版)，2015，36(03)：21-23.

（1）功能性栖息地

功能性栖息地主要研究对象是河流中的介质，主要为底质和植被类型，如岩石、砂、落叶等，其适于研究未受人类干扰的河流。

（2）物理栖息地

物理栖息地主要研究对象是水流的形态，根据影响水流形态的因子对其进行分类。常见的物理栖息地主要有缓流、急流等，其适于研究任何状态的河流。

二、生态调度保护河流流域生态系统健康

目前，对于生态调度还未形成明确的定义。水利工程建设的规模不同，对生态环境造成的影响也不尽相同，因此对生态调度方面关注点也有所不同。

对生态环境影响极大的是大型水利工程，生态调度的关键在于运行和管理。如水库大坝，在工程建设过程中会对河流生态系统造成重大影响，采取生态调度与运行管理后，对河流生态系统的稳定发展将起到积极作用。

水库调度主要包括防洪调度和兴利调度两方面。基于河流生态系统的稳定性，对于水库的调度需要考虑多方面因素，如水库的经济效益、运行和管理等，从目前水库调度的情况来看，还存在诸多问题。为了降低水利工程建设对生态环境的影响，维护水库生态系统的稳定性，需要对水库的调度制定合理、科学的计划，从而降低其对河流的不利影响。

（一）河流生态健康指标

相关人员应保障河流生态系统的健康，这个方面主要包括河流生态学的结构，生态过程能够延续，其能达到的功能是否高效。河流生态系统主要是为了给人们提供更好的服务。

针对河流的生态系统评价，是进行生态与环境调度的基础，所以相关人员应重点分析，制定合理的指标。

（二）湖库调度运行技术

1. 水库泄流方式调整

工作人员要根据项目的实际情况，对水库的泄流方式进行调整，然后选取增大上、下泄流量的需要，最后保证水库的用水需求。这种情况还能为河流内的生物和回游创造合理的水文条件和水利条件①。河流的需水研究是确定水库下泄流量的基础，相关人员可以制定区域内特定的保护措施，更好地改善目标。工程工

① 罗政.水利工程生态与环境调度相关研究[J].河南水利与南水北调，2016(01)：11-12.

作人员还针对河流调整的程度、生物进行适当调整，使用实体观测和数学模拟预测的方式进行处理。

2. 湖库运行水位调整

该水利工程项目的水位调整，要参考湖泊的水库特征变化，并保证其能够对调度过程进行优化。

（1）在适当的位置，工程人员应设置汛限水位，可以适当提高。

（2）工作人员能够在水利工程安全的前提下，多储备水资源，从而更好地改善水资源的环境，增加其存水量。

（3）工程管理人员要根据水库的流量，设置水位，减少水库中的泥沙堆积。

（4）为了更好地提高回水淹没区的水动力条件，减少河流出现富营养化的风险，工作人员要根据示范区域的各项情况，分析区域水动力条件、污染物输移过程，再调整水位时的变化。

（三）水库生态调度措施

根据对国内外相关概念的理解，水库生态调度，即以河流健康的可持续性为目标，通过工程措施和非工程措施，调整水库泄水方案，在充分发挥水库的防洪和发电等效益的同时，减缓水库调度对河流生态系统的不利影响。

开展水库的生态调度，要认识和了解目前的河流生态问题，掌握其规律和发展的特点，这样才能使水库生态调度真正地发挥效益。

水库生态调度措施总的来说可以分为工程措施和非工程措施两种。

1. 工程措施

（1）可减小筑坝对洄游鱼类过坝影响的设施，如设鱼梯等。

（2）可提高下游河道最小流量的设施，如选用小型机组、设再调节堰等。

（3）可提高水库下泄水流溶解氧浓度的设施，如使涡轮机通风、设掺氧装置等。

2. 非工程措施

水库生态调度的非工程措施即通过调整水库下泄方式来减缓其不利影响。包括：

（1）控制咸潮入侵。

（2）保障水库下游河流生态系统合理的环境流量。

（3）控制水体富营养化。

（4）针对鱼类产卵繁殖习性采取相应调度方式。

（5）控制下泄水体气体过饱和。

（6）泥沙调控措施。

（7）调控水库“低温”水下泄。

（8）水系连通性调度。

三、分区生态保护与修复对策措施

在梳理各水资源一级区自然生态条件、生态功能定位及生态系统特点、充分识别水资源开发利用及涉水工程建设对生态系统胁迫效应的基础上，以维持流域生态系统良性循环为总体目标，提出各流域水生态保护与修复的原则和目标，按照上中下游或不同生态区域构建流域水生态保护与修复措施布局。

（一）松花江区

坚持“保护优先、适度修复、综合治理”的原则，以上游山区水源涵养保护和中下游平原区河湖湿地生态修复为重点，开展嫩江、第二松花江、额尔古纳河等干支流河源区水源涵养。

（1）实施松嫩平原、大小兴安岭山前台地平原灌区面源污染治理，建设植被缓冲带。

（2）实施三江平原、松嫩平原、大小兴安岭等区的重要湿地修复，开展莫莫格湿地、查干湖湿地、扎龙湿地、向海湿地等重要湿地补水工程。

（3）实施冷水性鱼类天然生境保留河段保护，开展生态调度满足鱼类繁殖期、越冬期及洄游通道生态水量，开展涉及敏感生境的哈达山、北部引嫩等水利工程鱼道建设，建设嫩江、松花江、汤旺河及珲春河等河流增殖放流工程。

（4）实施大庆市、哈尔滨市河湖水系连通工程；对城市河段、支流口和农业面源污染严重河段开展河岸带修复、河道清淤、河床底质及湿地保护等系统治理。

（二）辽河区

坚持“协调保护和综合治理并重”的原则，以河流功能恢复和湿地修复为重点，实施辽河干流、浑太河、东辽河、浑江、大小凌河等河流源区水源涵养、河岸带修复、河道清淤及人工湿地建设等水生态综合治理工程，以改善河流水环境并逐步恢复生态功能；实施大凌河河口湿地补水工程，修复卧龙湖湿地、老哈河小河沿湿地、乌力吉木仁河荷叶花湿地生态环境，促进湿地生态良性循环；针对河口区鱼类资源洄游通道受阻及鱼类资源损失问题，对辽河干流双台子河河闸开展鱼道改造，在辽宁省浑河、太子河上游、大凌河等河流实施鱼类增殖放流，以逐步恢复鱼类资源。

（三）海河区

坚持“综合保护、复合修复”的原则，以水环境改善、河流及湿地生态功能恢复为重点，实施京津冀“六河五湖”生态修复治理，通过河湖连通、生态水量调度、水源涵养保护等，建设“六河”生态廊道、拓展五湖生态空间，为京津冀协同发展提供良好的水生态保障。

（1）重点实施太行山西南部山区等源头区水源涵养工程。

（2）实施平原区生态退化河流的河岸带绿化和生态护岸工程。

（3）对白洋淀、衡水湖、七里海等重要湿地进行生态补水及修复与重建。

（4）构建北京城区水系、天津市海河水系及河北省现代水网等水系连通工程。

（5）针对城区河段开展滨河生态带及亲水景观建设，对部分常年断流支流河道开展“以绿带水”工程建设。

近期先行开展永定河综合治理，为推进“六河五湖”其他河湖综合治理与生态修复提供借鉴。

（四）黄河区

坚持“协调保护、量水而行、分区施策、综合治理”的原则，以水资源条件为约束开展适度修复。重点开展黄河三江源及重要支流源头区水源涵养；将黄河玛曲以上河段及黄河干支流特有土著鱼类重要栖息地划为生境保留河段，限制开发，对黄河干流龙羊峡以上及支流湟水、大通河、伊洛河等水电梯级开发造成栖息地严重破坏的河流或河段实施河流连通性恢复及重要生境修复工程；对黄河干流宁蒙河段、小北干流、三门峡库区、小浪底以下河段和汾河、渭河等沿河湿地及黄河口淡水湿地实施生态补水及修复工程，加强乌梁素海、红碱淖及青海湖等湖泊湿地生态修复；推进黄河干流及重要支流城镇河段河岸带修复和滨河景观建设；对重污染支流入黄口、湖泊水库、泉域等重点区域实施河湖水系系统保护工程。

（五）淮河区

坚持“保护和综合治理并重”的原则，以水环境和重点区域生态环境改善为重点，实施主要江河及其支流源头区、引江济淮清水廊道及部分水库的水源涵养林建设；以保障南水北调东线工程水质为重点，开展南水北调输水干线沿线调蓄湖泊生态保护与修复，建设环湖沿河生态带；开展淮北平原区湖泊湿地及河口滨海湿地引水补水及修复工程，实施退圩还湖及湖岸植被修复；实施淮干、怀洪新河、沙河、沂河等河流湿地的生态修复工程；开展盐城、扬州等城市水系连通及河道综合治理工程；加快实施淮河干支流沿岸城镇河道及重要水库的系统保护和治理工程，开展河道湖泊清淤、河湖岸坡生态整治及滨河绿化等。

（六）长江区

坚持“保护优先、分区治理、突出重点”的原则，重点开展长江源区及重要支流源区水源涵养；开展重要湿地、长江中下游湖泊湿地群、赣江、汉江、岷江等河流中下游受损湿地保护与修复，推进巢湖、滇池、鄱阳湖、横江威宁草海等湿地生态保护与修复；全面开展长江上游、中游及河口区不同类型鱼类生境保护与修复，实施中华鲟拯救行动和长江江豚保护计划，开展珍稀鱼类增殖放流；实施汉江中下游、洞庭湖湖区及巢湖湖区等主要城市河湖水系连通工程；开展污染严重城区河段河道清淤、生态护坡及滨河植被景观建设等系统保护与治理；进一步协调江湖关系，开展三峡库区支流及环鄱阳湖、洞庭湖及巢湖支流系统治理，以改善三峡库区及上述湖泊的水环境。

其中太湖流域坚持“保护优先、重点治理”的原则，以上游入湖支流水质保护和下游河道综合治理为重点开展保护与修复。加强太湖上游地区源水保护，实施滆湖、长荡湖、阳澄湖等重要湖泊水生态综合治理，推进健康河湖生境构建；实施太湖湖区生态清淤、湖滨带湿地修复，对主要入湖河道实施水生态综合治理，确保优质清水入太湖，推进环湖河网水系生态改善，构建环湖绿色廊道；实施运河水系以及河网地区河湖水系连通工程，改善区域河网水质；实施太浦河、淀山湖等水资源保护综合治理工程，以保障上海等城市饮水安全并修复河湖生态环境。

（七）东南诸河区

坚持“保护与综合治理”的原则，重点实施新安江、闽江、晋江及九龙江等主要河流的源区水源涵养与保护；开展中上游平原区河网水系及沿海岛屿重要水域、城镇河段河岸带修复及系统治理，改善区域水环境及水生态状况；实施闽江及九龙江沿江河湖湿地、漳江河口及泉州湾河口等重要沿海湿地保护与修复工程；开展沿海平原区域水系连通，实现城市活水，修复河湖生态环境[①]。

① 黄锦辉，赵蓉，史晓新，等.河湖水系生态保护与修复对策[J].水利规划与设计，2018(04)：1−4+107.

（八）珠江区

以建设“绿色珠江”为目标，构建“养源、清廊、净网”的生态保护战略格局。“养源”指重点在珠江源、东江源等江河源头水及水库水源涵养区加强水源涵养能力。“清廊”主要针对河岸生境受破坏的部分城区段进行河岸带生态修复，建设河流生态廊道；针对水量不足、水质下降的湖泊实施河湖水系连通工程，加强水体交换和自净能力，恢复湖泊生态功能；针对河流连通性受阻问题，实施河流连通性恢复、生态调度及栖息地保护等措施，促进河流生境恢复。“净网”主要对珠江三角洲、粤东诸河等河网区严重污染河流开展多元立体的水生态综合整治，改善水环境并恢复河流生态功能。

（九）西南诸河区

遵循“保护优先、适度修复”的原则，在雅鲁藏布江、怒江、澜沧江等重要河流源头区开展水源涵养林建设和天然林保护。

（1）重点实施澜沧江、雅鲁藏布江、红河等重要河流及部分城镇河段的河岸带保护与水生态综合治理，改善河流水生态环境。

（2）开展三色湖、拉萨河拉鲁湿地及部分河流湿地生态修复。

（3）对西南水电开发基地的澜沧江、怒江等河流有序推进鱼类生境保护与修复，采取天然生境保护、鱼类“三场”保护等及鱼类增殖放流措施，保护鱼类栖息环境并恢复鱼类资源。

（十）西北诸河区

按照“保护优先、适度修复”的原则，开展额尔齐斯河、伊犁河、塔河、黑河等重点河流源区的水源涵养；重点恢复河谷林草湿地、塔里木河和黑河下游湿地，构建湿地保护与荒漠化治理相结合的生态治理体系；对部分生境阻隔河流建设过鱼设施，恢复生境连通性；实施主要河流城镇河段及青海湖、博斯腾湖、达里诺尔湖、黄旗海、岱海等重要湖泊水生态综合治理保护，恢复河湖生态功能。

随着河流生态环境的破坏越来越严重，各国都在积极探讨河流生态环境的保护和修复。在生态流量管理的主要模式中，需要充分了解和研究河流栖息地的现状及影响因素，并对其进行生态修复。

第二节　维持基本水量（水位）的管理模式

对于没有特殊生态保护目标的中小河流或湖泊，河湖中的生物对于流量过程基本没有特殊需求，只要能够保证河湖生态系统的基本需求，就不会发生脱水现象而造成河湖水生生物灭绝。这种情况下的生态流量管理相对简单，只要根据上游来水情况，科学制定水利工程调度运行方案，保证基本流量下泄，维持河湖生态系统基本需水量即可。

一、水利工程生态调度前提和基础

（一）水利调度技术

在对河流生态系统充分了解后进行水位调度，以降低水库底部的淤泥，为回水淹没区水动力创造条件，以减少库区水体营养化的风险。

另外，还可利用不同高度的分流泄水孔向外排水，以降低水库内水体的温度，同时，运用“蓄清排洪”以有效减少河道内的泥沙堆积，从而保障河道顺畅。

（二）预报和监测方法

随着信息技术的广泛应用，现代水文预报方法广泛应用于水利工程生态调度预报中，环境的检测也从单一的监测方法向着更高技术的监测方法迈进，实现了全方位检测。

二、关于水利工程生态调度系统

（一）河流自身蓄水调度

1. 河道生态基流的基本用水调度

河流生态系统的稳定性需要足够的水资源来维持，即生态基流，其不仅能够为河流中的生物提供栖息场所，同时还能人为利用其调节水库的水位。

利用生态基流调控水库下泄，可采用的方法较多，但应尽量保证在发电水头下能够维持电站最低出力。

通常采用控制电站引水闸，将发电泄水量控制在生态基流下的范围内，以维持大坝下游生态用水的稳定性。

2. 湿地需水调度

水库的建立对原有河流系统环境造成了一定的影响，尤其是天然湿地，随着河流系统环境发生改变，周围的植被会因环境的改变而发生变化。

因此，进行水库调度，要根据水库所处的位置，尤其是位于湿地周边的水库，从保护生态环境角度，对下游泄水量进行调节，以降低水库建设对湿地的影响。

3. 输沙和维持河道基本形态的需水调度

对水库进行输沙调度，包括两方面内容：一是水库内泥沙调度；二是河道泥沙调度。

水库泥沙调度过程中，需要考虑水库的最大库容及水位情况等，以保证泥沙调度不会对水库的生态环境及自身状态造成不良影响。

在合理时间段进行排沙，可根据水库的库容量分段作业，以实际情况选取合理的施工方案，并保证高效运行。

河道泥沙调度需要考虑河道的最大承淤能力，从而保证河道输沙不会因此中断。

（二）湖库河流联合调度

联合调度主要依附河流建筑体与湖泊水库，通过联合作业来实现水库水位的统一调度。

采取联合调度的方式，主要从统一性的角度出发，将湖泊水库调度置于整个流域体系当中分析，从而维持生态环境的稳定发展以及水利工程建设的实效作用。

（三）保护水环境调度

水环境调度主要针对水环境调度和河道自净调度。对水库采取水环境调度，可以有效降低水库内水体的营养成分，通过向外排水，加大河流区域的水流动力等，以破坏富营养化形成的条件，从而保证水库生态环境的稳定性。

另外，还可以通过加大泄水量，搅动水体，来实现驱散富水体富营养化的情况。

河道自净水调度需求，主要通过保持水体质量，对超标物质通过加大泄水量的方式排出，以形成稳定的水体环境，从而降低恶性水体的出现。

（四）管理运行机制

对水利工程生态与环境进行有效调度，需要科学、合理的运行体制和管理体制作支撑。在水利工程建设生态与环境调度方面，我国已经出台了相关政策，对管理职能及管理权限的划分做出了明确说明。为保证生态调度的可持续进行，结合实际情况，完善和监督水利工程建设生态和环境调度的运行和管理办法，切实发挥生态调度的现实作用。

（五）完善水利工程调度模式

水利工程调度是生态调度的关键环境，因此，需要完善水利工程调度模式，以发挥生态调度的应有作用。完善水利工程调度模式，不仅要分析多个水利工程调度模式，还要从整个流域角度去考虑，使调度模式具有广泛性和实用性。

目前，我国水利工程建设在生态调度方面还处于探索阶段，今后还需加大科技投入与研究，不断完善现有调度模式，以更好地发挥生态调度在改善水体环境以及河道系统环境方面的功能，从而降低水利工程建设对生态环境的破坏。

生态调度在水利工程中的应用，需要根据水利工程特点以及周围环境等综合考虑，从多方面入手，不断丰富研究成果。

当然，生态调度还需要结合多种理论加以完善，从而更好地发挥实效作用。

第三节　实行总量控制的生态水量调度管理模式——以黑河为例

对于既没有特殊生态保护目标也没有河湖生态系统水量过程要求的河流，如西北干旱地区的黑河，只要在特定时段保证河湖下泄一定水量，即可满足河湖下游或尾闾地区的需求。

这种情况下的生态流量管理更为简单，如塔里木河生态补水可以在不影响生产、生活用水前提下组织实施，只要在汛期或非灌溉高峰期择机下泄一定水量即可。

一、黑河需水研究

（一）中游需水规律研究

黑河中游属传统的灌溉农业区，气候干旱，蒸发能力强，农作物生长完全依靠黑河水灌溉来维持。

在黑河中游干流地区现状作物种植结构调查分析的基础上，对小麦、玉米、秋杂等粮食作物生育期需水量进行分析，并考虑作物生育期有效降水后，确定现状水平年农作物的净灌溉定额，根据灌溉制度计算中游主要作物需水过程。

由中游作物需水过程线可以看出，中游用水高峰期为 5 月下旬至 8 月下旬。

（二）下游需水规律研究

从额济纳绿洲主要乔木、灌木、草本植物生长规律来看，乔木、灌木一般在 3 月下旬至 4 月初芽萌动，草本植物的萌芽期在 4 月初，植物发育的早期对水分条件十分敏感，因此需要在 4 月调水对林场、草场进行灌溉。

采用树干径流法测定下游绿洲区天然植被的蒸腾耗水量表明：8 月胡杨、苦豆子、骆驼刺、胖姑娘的耗水量最大，8 月和 9 月草本植物芦苇的耗水量最大。

额济纳绿洲天然林草植被的演替与地下水埋深密切相关：

（1）地下水埋深为 2.5 ~ 4.0 m 时，大部分植物生长正常。

（2）地下水埋深为 4.0 ~ 7.0 m 时，普遍生长不良；地下水埋深为 6.0 ~ 10.0 m 时，几乎全部死亡。

额济纳绿洲地下水位监测数据分析结果表明，3—5 月地下水埋深最浅，6 月开始地下水位逐渐下降，8 月、9 月下降到最低点，东居延海周边地下水埋深可达 7 m，从地下水位变化过程来看，地下水位恢复应在 8 月。

（三）东居延海补水量研究

东居延海水文监测站长期监测结果显示，东居延海蓄水量和水域面积呈显著对数关系，随着东居延海进水量的增加，水域面积呈现迅速增大后逐渐稳定的变化趋势，当蓄水量超过 3 400 万 m^3 时，曲线斜率较之前明显减小，即随着蓄水量的增大面积变化较小，蓄水量为 3 400 万 m^3 时水域面积为 35 km^2。

遥感影像对比分析表明，东居延海的水域面积维持在 35 km^2 时，进水量的显著增加对水域面积的影响不大。

采用湖泊蒸散发计算方法计算适宜的补水量，结果表明：维持东居延海适宜水面面积 35 km^2 的补水量应为 0.55 亿 m^3。

二、黑河生态水量调度实践

黑河流域管理局在调度手段比较单一的情况下，开展了生态水量调度实践，包括季集中调度、适时洪水调度、秋季 3 个月不间断连续调度等，并采取加强水量调度督查、禁止开荒扩耕、生态水量调度效果评估等措施，创新调度模式，调度成效显著。

（一）生态水量调度模式

1. 春季调度

黑河中游作物需水高峰从 5 月下旬开始，下游植被需水关键期为 4 月。

建立春季调度模式即在 4 月上旬开始实施调水，闭口时间尽量延长到 5 月上旬。

这种调水方式既避开了中游作物的用水期，又满足了下游植被生长关键期需水，减小了调度难度，增加了输往下游的水量。

2. 适时洪水调度

7 月、8 月是上游洪水多发时段，来水量大。充分利用有利条件，根据上、中游水、雨情变化及中游土壤墒情及时滚动分析，强化实时调度，实施适时洪水调度模式。

当上游出现连续降雨过程，莺落峡来水大于 150 m^3/s 时，实施洪水调度，对中游地区实施限制引水措施。这种调度模式可以充分利用洪水输水效率高的特性，集中向下游输水。

3. 秋季 3 个月连调

秋季 3 个月连调是根据上游来水情况，结合中游作物需水情况和下游生态需水情况，将 8 月初的闭口时间和 9 月、10 月的闭口时间合并，从而达到水量集中下泄、输水效率提高的目的。

经黑河地表水—地下水调度模型对水文数据的长序列模拟，秋季 3 个月连调比原来的分开调度平均年增泄水量 0.13 亿 m^3。

在实施秋季 8 月、9 月、10 月 3 个月连调模式时，尽量提前 8 月下旬的闭口时间，尽力推迟 10 月下旬的冬灌时间，以使更多的水输向下游。

（二）生态水量调度的其他措施

1. 加强用水管理

为加强用水管理，黑河流域管理局一方面在摸清中下游地区扩耕情况的基础

上，要求中下游严肃用水纪律，杜绝出现扩耕挤占生态用水现象，另一方面对引水口门进行计量，确保引水计量准确[①]。

黑河流域管理局协同中科院寒区旱区环境与工程研究所，利用遥感解译和实地调查的方法，掌握了中下游扩耕情况，其中：中游地区（甘州区、临泽县和高台县）扩耕 2.562 万 hm^2，鼎新灌区扩耕 0.485 万 hm^2，额济纳绿洲扩耕 0.595 万 hm^2。

2. 强化督查手段

在开展常规督查的同时，借助水量调度管理系统进行远程监控督查。采用远程视频督查与现场督查相结合的方式，解决了管理信息不全、水情信息传输及管理技术手段落后等问题，改变了黑河水量调度工作依靠人工现场作业的状况。

技术人员借助电子模拟屏、视频采集系统、宽带无线接入和卫星通信等先进技术，对部分重要引水口闸门启闭和东居延海水面变化等情况进行远程监控，发现问题及时查处，提高了事件处置的时效性。

第四节　以冲沙为目标的管理模式——以黄河为例

河流泥沙的直接来源是水土流失。土壤结构疏松，抗冲蚀能力差，气候干燥，植被稀少，坡陡沟深，暴雨集中，加上人类不合理的开发利用，是导致水土流失的主要原因。

某河段水流中的泥沙，除来自流域水土流失外，还可能来自水流对河床的冲刷。当流域或上游河段来水含沙较少时，水流就会冲刷本河段河床而携带泥沙。

黄河上游水体较清，中游冲刷黄土高原，导致泥沙俱下、水体浑浊；而下游容易淤积，造成河床抬高，形成悬河，决口为患。

治河当治沙，为此，本节以黄河为对象，论述了以冲沙为目标的管理模式。

一、以水冲沙原理

“以水冲沙”理论和方略的提出，源远流长。明末的潘季驯提出了“束水攻沙”、清代靳辅和陈璜提出了“以水攻沙”。中华人民共和国成立后，王化云等专家概括地提出“拦、用、调、排”四字的治河方略，其中“调”就是调水调沙。

① 王道席，张婕，杜得彦.黑河生态水量调度实践[J].人民黄河，2016，38(10)：96-99.

只是因为受制于当时生产力水平等因素，这一正确的认识难以实施。大浪淘沙，惊涛拍岸。这种场景形象地论证了“以水冲沙”的正确性。

泥沙比重大于水的比重，在静水中下沉；而在动水水中可以被水推动。

处在动水中的泥沙，一方面受重力作用有下沉的趋势，另一方面又受到水流的冲刷、紊动（混掺、上浮、扩散）作用而被长距离携带。

当泥沙所受到的重力作用大于紊动扩散作用时，泥沙就下沉淤积。当紊动扩散作用大于重力作用时泥沙将被上浮或者河床被冲刷。

正是由于重力作用和紊动扩散作用的共同作用，才可以实现泥沙的长距离运动。它的运动方式大体有“推移”和“悬移”两种，河流中较粗的泥沙在河床面附近做滑动、滚动、跳跃等形式的运动称之为推移。泥沙的推移运动具有间歇性，走一会，停一会。运动的泥沙也有可能与静止的泥沙置换，即水流冲刷和泥沙淤积交替出现。泥沙前进的速度远小于水流速度。泥沙在水中（自水面至床面之间）浮游前进、运动速度和水流速度基本相同。泥沙的这种运动称为“悬移”，做悬移运动的泥沙在水中的位置是时上时下，其中细颗粒泥沙能上升到水面附近，不与静止的床沙进行置换。基本保持在水的上部浮游前进。做悬移运动的泥沙中颗粒较粗的，在运动时不仅时上时下的，有时候回到河床静止下来，或者与床沙置换。

但是，组成河床的床沙，和做这两种运动的泥沙并没有固定的分界线。即可以互相交换，又有可能发生转换，不论做何种运动的泥沙，在相同的水流条件下，部分泥沙都可以静止下来变成床沙，部分床沙也可以变成运动的泥沙。

当水流条件变强时，部分床沙将变成运动泥沙，这就是冲刷；当水流条件变弱时，部分运动泥沙回落到床面变成床沙，这就是淤积。这样加大水的流量，窄河槽束水，水压增大，流速提高，推动泥沙加速前进，减少泥沙淤积，冲刷河道，致使水流适时携沙入海。

二、调水调沙

黄河小浪底水库运用后，黄河下游的防洪形势发生了较大变化，但多沙之河，没有改变，进入下游的水沙条件两极分化趋势更加明显：

（1）洪水以高含沙中小洪水为主，水沙比例更不协调。

（2）当今气候异常，稀遇大洪水的可能性仍将存在。

如不做人工干预，塑造一个稳定的河槽，河道将进一步萎缩，“小水漫滩”的情况将进一步加剧，重现漫滩险情，河道排沙能力进一步降低。为此，需要不断地进行“调水调沙”，以利于河槽束水冲沙，将所携带的泥沙和河床上的淤沙适时送入大海，从而减少河床淤积，增大主槽的行洪能力，保障人民生命财产之安全。

调水调沙，适时入海。利用工程设施和调度手段，通过水流的冲击，将河床上的泥沙适时送入大海，减少淤积，增大主槽的行洪能力，在21世纪初成为现实。

黄河的调水调沙就是要对河道区间来水和五座水库蓄水进行调度，人工塑造有利于下游输沙、河道冲刷和水库减淤的过程。调水调沙的科学性、时效性很强，风险不可低估，必须认真进行科学的模拟和实验。依据河势、水情和沙情，黄委会选择了三种可能出现的情况开展了三次实验，取得了巨大成功。

在三次调水调沙实验取得成功并把握了一定调度规律的基础上，黄委会将三次实验、三种类型年份、三种调度运行方式分别运用到以后的调水调沙生产运行中，使之成为水库调度常态。

在调水调沙的过程当中，小浪底水电站发挥着重要的作用，将库内的沙送到大海中去，同时，冲刷下游河床，减少淤积，但调水调沙并非简单的用水冲沙，它还要考虑多方面因素，即要把小浪底水库的沙带走，不会在下游淤积，又要最大限度地节约宝贵的黄河水资源，还不能对下游河道堤岸产生破坏，等等，所以，调水调沙的关键就在一个“调”字，一个调的是流量，另一个调的是含沙量，甚至包括泥沙颗粒的粗细。

而小浪底水库正是黄河调水调沙的主角，根据沙在水中容易沉底、越粗的沙沉得越低的道理，通过科学测算，来人工调控小浪底水库中处于不同位置的排沙孔、明流孔和暗流孔这三类孔洞的开关顺序及次数，这样，就可以使下泄水中形成一定的水沙比例，并且符合下游河道的输沙规律，小浪底水库制造出来的“人造洪峰”就能够把所经之处的泥沙带到大海，从而，保证“地上悬河”的河床不再升高。

黄河下游主槽得到全线冲刷。黄河下游的主要特征是善淤善徙，9次调水调沙的最大收获，就是使下游的主河槽得到了全线冲刷。调出库区的总沙量为2.19亿t，输送入海的总沙量为5.75亿t，其中，冲刷掉下游主河槽的总沙量达3.56亿t，调水调沙的作用和价值非常显著。在黄河上，经过8年9次调水调沙，历时133 d，黄河下游行洪能力和过沙能力普遍提高，河槽形态得到调整。

三、“减沙”与“治河”

大禹治水，贵在创新。运动是永恒的真理，远古的“疏川导滞”在当时来说，也是与时俱进，并取得了治河成效。时间在前进，河情在变化，人们对泥沙输移规律的认知也在不断深入，治沙方略也应在不断创新和发展。

黄河出现的新情况和新问题，主要原因是黄河来水来沙变化，来水量减少，来沙也有减少，但减少幅度小于水量。根治黄河的关键在于泥沙，根治泥沙，“减沙”和“治河”不失为治理黄河泥沙的创新思维。

所谓“减沙”，就是通过水土保持、生态环境的修复和水利工程的拦沙，从源头上尽量减少泥沙进入河道。

“治河”，就是按照水沙变化的现状和趋势，遵照有科学依据的河道演变规律，进行河道整治，形成一条高效行洪和高效输沙的稳定河道。

四、科学治沙

在当今的信息时代，以信息化为核心的高新技术深入运用于治黄领域。把黄河“装进”计算机，借助现代化以及传统手段采集基础数据，对全流域及相关地区的自然、经济、社会等要素构建一体化的数字集中平台和虚拟环境，以系统的软件和数学模型对黄河泥沙治理的各种方案进行模拟、分析和研究，为治沙对策提供科学性、合理性和预见性支持。

五、生态治沙

泥沙泛滥，焉能使下游长黄河治久安？ 黄河泥沙来自黄土高原的水土流失，对黄土高原的生态保护尤为重要。发挥地方政府在水土流失保护中的重要作用，使生态效益和经济效益并重，提高人们对治理千沟万壑，提高水土保持工作的积极性[①]。坚定不移的实施法规监督，把水土保持工作落到实处。加快推进水土保持重点工程建设。建立和完善水土保持监测网络，推进监测评价工作。加强科学技术推广，通过科学治理千沟万壑，改善生态环境，发展农业生产，从而有效推进水土保持的效率和水平。使结构疏松的土壤颗粒，不至于在水流的作用下，形成泥沙，进入河道。

由于黄河泥沙问题的复杂性，单靠水土保持、打坝淤泥、调水调沙一系列措施不能完全解决黄河下游河道淤积问题，要靠“拦、排、放、调、挖”多种措

① 孙靖康.浅谈黄河泥沙治理[J].科技视界，2013(10)：199.

施，综合处理和利用泥沙①。

从长远来看，要根本解决黄河泥沙问题，必须采取法律、行政、政策、经济、技术等多种措施加快上中游地区水土保持力度，减少入黄泥沙，谋求黄河的长治久安！

第五节　以压咸补淡为目标的管理模式——以珠江为例

近年来，珠江三角洲频繁遭受咸潮侵袭，严重威胁生活、工业、农业等方面用水安全。面对严峻的供水形势，珠江水利委员会开创"压咸补淡"新课题，对珠江流域进行统一调水抵御咸潮。

一、贯彻落实防汛抗旱"两个转变"

灾害管理可促多元共赢。近年来，随着珠江三角洲地区经济高速发展、人口快速增长、城市化进程的加快，区域内用水量急剧上升；同时极端气候频繁出现，上游大型水利工程的相继蓄水，下游河床变化加剧，严重影响枯水期干流河道下泄流量。

在自然和人类活动因素的共同影响下，目前咸潮危及三角洲地区超过 1000 万人口的供水安全，使珠三角再一次成为珠江流域备受关注的热点，并引起国务院的高度重视。

面对严峻的抗旱形势，珠江水利委员会以科学发展观为指导思想，全面贯彻防汛抗旱"两个转变"重要指示，探索求新，努力完成由单一抗旱向全面抗旱的转变，开创"压咸补淡"新课题，对珠江流域进行统一调水抵御咸潮。

经过四年的总结和探索，试验性的创新课题已成为抗旱减灾的实用方案，珠江流域"压咸补淡"水量统一调度已由初始的调水压咸发展到兼顾经营生产的多赢并举；调度方案也由单一的水库补水发展到多元化的水库联调，并产生了"前蓄后补""避涨压退"等一套先进的流域调度理念，使珠江流域水量统一调度更具规模化、规范化，使压咸效果更精确化、合理化。

现在通过流域统一调度已能够充分利用上游来水推移咸界下行，确保用水安

① 周承京.黄河治沙措施[J].内蒙古水利，2011(06)：32-33.

全；利用来水径流动力改善河网内水体质量；统筹协调大型水利工程的拦、蓄水时机，保证航运、发电、用水安全等方面的多元共同发展。

二、实施珠江流域压咸补淡管理的对策

（一）咸潮危害

当咸潮发生时，自来水会变得咸苦，难以饮用；长期饮用氯化物含量多的水对人体健康危害较大。工业生产使用含盐分多的水会损害机器设备。

对于“鱼米之乡”的珠三角农业生产，使用咸水灌溉农田，会导致农作物萎蔫甚至死亡。

（二）向全面抗旱转变，为社会可持续发展提供可靠保障

为了应对步步紧逼的咸潮攻势和紧张的供水形势，在国家防总的统一部署下，水利部珠江水利委员会以科学理论为根基，大胆尝试，挑战流域综合治理新课题，经多方论证先后连续两次成功地实施了珠江压咸补淡应急调水试验。

在此基础上强化预报精度、规范调度流程，后又成功组织实施了枯水期珠江骨干水库调度、枯季珠江水量统一调度，确保了澳门、珠海等三角洲地区饮水安全、经济发展和社会稳定。

“压咸补淡”的成功实施是珠江流域综合治理探索阶段的里程碑；说明了在现有的工程条件下，对流域内水资源实施水量统一调度和管理是保障澳门、珠海等珠江三角洲地区供水安全最有效的措施。

（三）心系民生、审时度势、统筹规划，探索科学调度方案

珠江流域成功实施的四次水量统一调度中，前两次是在春节期间集中补水，其中，磨刀门水道、沙湾水道、横门水道等各水道上的监测站点含氯度均呈明显下降趋势，有效抑制咸潮上溯的危害，使主要水道咸界显著下移，为珠海、中山及时抢淡、蓄淡提供了水源保证。调度加强了对生态水质的监测评估后，结果表明河道流量的增大增强了枯水期径流动力，使三角洲主要分流河道和引水河涌水质明显好转，极大地改善了珠江三角洲网河区的水生态环境，据环境保护部门监测，珠江三角洲主要河道水质由调水前的Ⅵ～Ⅴ类，提升为Ⅲ类。

珠江流域骨干水库某次统一调度的调度期为 6 个月，汛末各水库蓄水，集中补水调度 6 次，保证珠海、澳门两市全年供水不超标。

此次调度在总结前两次应急调水经验的基础上，转变思路，主动研究应对咸潮入侵的办法和措施，具体组织实施了珠江骨干水库水量调度。

与前两次应急调度不同，此次骨干水库调度由被动应急到主动调控，从主动研究问题、提出珠江骨干水库调度方案，直至调度方式正式实施。这一过程，标志着珠江流域水资源管理正在从被动应对向主动参与、积极引导转变。

既能保证珠江三角洲的用水安全，同时又能兼顾各方面的利益，包括流域内水力发电站龙滩的下闸蓄水以及其他省区的用水需求，综合效益达到了最大。

此次珠江骨干水库调度是实施珠江水资源统一配置、水量统一调度的一次有益且成功的尝试。

珠江流域第四次水量统一调度时，面对新的供水形势，珠江水利委员会提早编制调度方案，并希望能规范化流域水量统一调度。

采用“前蓄后补”的总体调度方案，密切关注并分析流域水雨咸情和工情，按照“月计划、旬调度、周调整、日跟踪”的具体调度方式，根据“避涨压退”的压咸补淡思路，精心组织、全面部署、科学调度、灵活控制，不断滚动细化优化实施方案，及时派出工作组强化落实各项调度措施，适时发出水库调度指令，积极开展抢淡工作，调度期间 8 次集中向下游补水，有效确保了澳门等珠江三角洲地区的供水安全，不但使澳门的供水含氯度维持在 100 mg/L 以下（国家标准为小于 250 mg/L），同时也大大改善了西北江中下游的水环境，取得了良好的社会、经济和生态效益，成功实现了水量统一调度的目标。

三、流域水旱灾害管理的思考

在国务院重视下，珠江咸潮上溯的严重性和生态环境的脆弱性已经在社会各界得到充分认识。成功实施的四次枯季珠江水量统一调度，确保了澳门、珠海等三角洲地区饮水安全、经济发展和社会稳定，也是全面建设小康社会的重要内容之一。是贯彻落实以人为本、科学发展观的充分体现，也是中央水利工作方针、防汛抗旱“两个转变”在珠江的具体实践，是推动流域水资源统一管理最为关键的战略部署，也是促进珠江流域经济社会协调、可持续发展的一项重要举措，标志着珠江流域水资源统一管理迈出了坚实的一步①。

实践表明，在目前珠江工程体系还不完善的情况下，实施流域骨干水库统一调度，能够充分发挥现有工程的最大效益，更是确保珠海、澳门等三角洲地区供水安全、有效控制水旱灾害最有效的办法。

成功只代表了科学探索的进步，更大的挑战伴随着社会的发展和极端天气的

---

① 谢志强，孙波.“压咸补淡”开创灾害管理新篇章[J].中国防汛抗旱，2008，18(05)：33–35.

频现而来。

据专家预测，综合多种因素的影响，未来10年咸潮侵害不可避免。因此，构建能够长期确保澳门、珠海等三角洲地区供水安全的流域综合治理体系势在必行。

（一）依靠先进的科学技术建立完善的应急机制

在四次枯季珠江水量调度过程中，遭遇重重困难和不利形势，如其中的某一次，西江、北江来水分别是1956年以来历史最枯和第二枯；还有南方发生的冰冻雪灾，流域内电力供应短缺，电调和水调的矛盾突出。面对诸多困难，只有用科学的发展观武装思想，不断地进行技术攻关，依靠科学的应急机制才能取保方案的顺利实施。

（二）依靠法制保障

实施流域骨干水库统一调度，可以充分发挥现有工程的最大综合效益，同时也是当前珠江流域防洪安全、供水安全和生态安全的重要手段和根本保证。

但由于珠江流域现有工程分属于不同的部门管理，存在行业间利益冲突和矛盾，必须从法规建设入手，制定《珠江水量调度条例》，为实施统一调度提供法律依据，规范各方行为，明确调度实施程序和相关执行主体的法律责任，切实推进流域水资源的统一管理。

（三）依靠统筹管理

中央政府高度重视澳门同胞用水问题，但近年来珠江流域水利工程相继完工，蓄水产生的截流效应将进一步减少枯水期径流量，加剧河口咸潮上溯，使流域水资源利用矛盾进一步尖锐。

总结成功实施的珠江流域水量统一调度表明，只有依靠国家的统筹规划，通过流域机构的全盘管理——进行统一水量调度才能确保水资源利用的经济效益及社会效益双赢。经多方论证后，国务院最近批复了保障澳门、珠海供水安全的专项规划，对于保障澳门长期供水稳定提供了有效基础。

（四）依靠完善的水利工程配置

由于西江中下游流域控制性工程尚未建设，具有一定调蓄能力的骨干水库多位于西江上游，控制西江流域面积约1/3，且距三角洲近1000 km，中下游23万km^2区间缺乏水资源调控手段。

由于上游水库距离远，无控区间范围大，区间降水预报困难，水量无法得

到充分利用，提前 7 ~ 10 d 调度上游水库来保证下游流量的技术难度和风险高，增加了决策的难度。四次水库调度凸显了中下游控制性工程建设的紧迫性，建设西江干流控制性工程大藤峡水利枢纽已迫在眉睫。

四、珠江压咸补淡应急调水的政策改进建议

（一）体现效率目标

解决一个具体问题的政策方案总是有很多，运用成本效益分析进行方案比选是公共政策制定程序的一项重要工作内容，更是科学决策的基础。

虽然珠江三角洲咸潮所导致的供水安全问题的主要诱因来自社会水循环要素，解决咸潮问题的主要切入点应该是调控自然水循环要素，但把节约和限制用水等社会水循环调控措施作为辅助措施加以运用，是否会取得更好的政策效果？增加珠江三角洲调蓄能力、建设备用的地下水取水设施或海水淡化设施，是否是更经济的替代政策方案？珠江压咸补淡应急调水肯定存在一个最经济的调水规模，7×10^8 m^3 的调水规模是否是经济合理的调水规模？要回答这些有助于使调水政策方案更好地体现效率目标的问题，都依赖于对此次调水政策方案的成本效益分析。

大量的事实以及理论研究都揭示水资源的行政配置方式往往会导致严重偏离资源配置效率最大化原则。

此次珠江压咸补淡应急调水运用行政配置方式给受水区免费供水，容易诱导受水区夸大压咸补淡应急的水需求量，进而潜伏着水资源低效率配置的风险。

引入水权交易机制，采取行政监管下的市场配置方式来组织流域压咸补淡应急调水，是使政策方案体现效率目标的政策改进方向。

行政监管下的水资源市场配置方式的运作，依赖于水市场行政监管单位——流域机构较准确地把握水权价格的合理范围。

对珠江压咸补淡应急调水进行系统的成本效益分析，能够为流域机构把握合理的水权价格范围提供完整的信息。

（二）体现体制目标

珠江压咸补淡应急调水的受水地区——珠江三角洲的社会经济系统，是一个高耗水高排污的系统。

根据统计资料分析，其人均综合用水量是全国人均综合用水量的 1.68 倍、人均生活用水量是全国人均生活用水量的 2.95 倍、平均工业用水重复利用率只

是中国环境统计重点城市的平均工业用水重复利用率的 0.53 倍、人均污水排放量是全国人均污水排放量的 5.37 倍、工业废水排放率是中国环境统计重点城市的平均工业废水排放率的 2.2 倍。

导致珠江三角洲社会经济系统高耗水高排污的最主要原因是：珠江三角洲优越的自然水资源条件诱导该地区长期以来只重视水资源供给管理，忽视水资源需求管理，整个社会缺乏节水减污的公众意识和水事体制。

目前对珠江三角洲供水安全影响最大的因素并不是咸潮这个自然因素，而是水质型缺水这个人为因素。

咸潮对供水的影响是自然界“让广东没有水喝”，而水质型缺水却是广东人自己“让广东没有水喝”。

在广泛树立节水减污的社会公众意识的基础上建设节水减污的社会水事体制，是保障珠江三角洲供水安全的一项重中之重的工作。

以水权交易机制为内核设计压咸补淡应急调水的政策方案，有利于推动珠江三角洲地区变水资源供给管理，为水资源需求管理的水政策调整，促进其建立和完善节水减污的社会水事体制。

流域管理体制的建设工作必须以水资源可持续利用为目标取向。突出水资源的经济稀缺性，围绕水权交易机制构建流域水资源配置体制，既有利于建立以水资源可持续利用为目标取向的流域管理体制，同时也有利于建立水资源流域管理与行政区域管理相互协调的机制①。

总之，珠江流域综合治理是一项复杂的系统工程，涉及滇、黔、桂、粤、湘、赣六省以及香港、澳门特别行政区。我们利用流域水量统一调度进行咸潮治理还只是开创的一个课题，相信在未来的流域管理中，落实科学发展观，凭借先进的科学技术，依靠逐步完善的机制、法规、工程措施，各个部门团结治理，流域综合治理将不再是威胁民生的难题。

① 陈庆秋.珠江压咸补淡跨地区应急调水的政策探讨[J].中国给水排水，2006(02)：1–4.

第六节　应急补水型的管理模式——以湄公河为例

受厄尔尼诺现象的影响，2016 年枯季澜沧江—湄公河流域各国均遭受到了不同程度的旱灾，特别是湄公河三角洲地区遭受了近百年来最严重的旱情。

为此，中国政府通过加大景洪水库出库流量，来对湄公河实施“三阶段”应急补水以帮助湄公河流域国家应对旱情。

一、干旱情况分析

（一）湄公河流域干旱情况

根据世界气象组织数据，2015—2016 年的超级厄尔尼诺现象为高度警戒事件。此次厄尔尼诺现象在 2016 年 1 月达到最强，比 1997—1998 年厄尔尼诺现象的持续时间更长，覆盖面积更大。2015—2016 年的厄尔尼诺现象是 2014—2015 年出现的厄尔尼诺现象的延续。热带太平洋东北部（赤道以北）仍存在很大面积的偏热范围（高于正常温度）。

2016 年 1 月 11—20 日期间，湄公河流域从中部至南部区域经历了温度偏高的过程，比正常平均温度值高出了 3 ~ 5 ℃。2016 年 2 月，泰国东北部、老挝和越南北部的气温均低于历史平均值。3 月初，这些区域的气温开始升高，至 4 月，局地气温升至有记录以来的最高水平。

对通过热带测雨卫星（TRMM）获得的降雨数据进行了整理，结果表明：老挝北部区域 2016 年 1 月的降雨量很少；2016 年 2—3 月，湄公河流域几乎没有降雨；2016 年 4 月，湄公河流域除湄公河三角洲外的大部分地区，降雨量仅有 20 ~ 200 mm。泰国、柬埔寨和湄公河三角洲的表层土壤含水量于 2016 年 3 月开始下降，对作物的生长产生了不利的影响；2016 年 4 月以后，流域内的干旱状况更为严重。

从 2016 年 1 月的第 4 周开始，泰国东北部和柬埔寨洞里萨湖洪泛区附近区域的水分胁迫指数已经接近中等水平。自 2016 年 2 月至 4 月底，泰国东北部和柬埔寨地区的水分胁迫指数持续下降。

由此可见，受厄尔尼诺现象的影响，2016 年枯季湄公河流域的气温偏高，降雨极少，从而导致流域内各国均遭受到了不同程度的旱灾。

（二）澜沧江流域来水情况

对澜沧江流域 2015 年 11 月至 2016 年 4 月的实测降雨资料进行了统计分析，分析结果表明，澜沧江景洪以上流域的面降雨量为 166.9 mm，较同期多年平均的 206.4 mm 偏少 19.1%。

对小湾水库、糯扎渡水库 2015 年 11 月至 2016 年 3 月的天然入库流量分别进行了统计分析，并将统计分析结果与长系列多年平均流量进行了比较。分析结果表明，还原梯级水库影响以后的小湾水库、糯扎渡水库的天然入库流量，较多年平均流量分别偏少 13.9% ~ 37.8%、10.3% ~ 37.8%。从以上分析可以看出，2015 年 11 月—2016 年 3 月期间，澜沧江流域的来水量总体偏枯。

二、应急补水传播时间分析

2016 年应急补水期间，湄公河流域降水很少，对干流的流量变化影响较小。因此，可以根据湄公河干流水文站的水位和流量过程资料，对 2016 年澜沧江梯级水库应急补水到达湄公河各水文站的传播时间进行分析研究。

景洪水库 3—5 月的下泄过程如下：

（1）3 月 9—11 日，加大下泄流量至 2000 m^3/s；

（2）3 月 12 日—4 月 10 日，下泄流量维持在 2000 m^3/s 左右；

（3）4 月 11—20 日，下泄流量维持在 1200 m^3/s 左右；

（4）4 月 21 日—5 月 31 日，加大下泄流量至 1500 m^3/s 左右。

从允景洪站水位、流量过程可以看出，景洪水库 3 月 9 日开始逐步加大下泄流量，11 日下泄流量增至 2160 m^3/s，此时，允景洪站的水位有明显的抬升（由 535.76 m 涨至 537.05 m）。其后，水位、流量均保持稳定。因此，在本次分析补水传播时，认为应急补水的开始时间为 2016 年 3 月 9 日。

3 月 10—12 日期间，清盛站有一次较明显的水位抬升过程（由 2.26 m 涨至 3.10 m），其后水位保持稳定，说明来自景洪水库的应急补水于 3 月 10 日抵达清盛，传播时间约 1 d。

同理，对 2016 年澜沧江梯级水库的应急补水时效进行了分析，分析结果表明：应急补水 3 月 13 日抵达琅勃拉邦，3 月 16 日抵达清康，3 月 18 日抵达廊开，3 月 21 日抵达那空拍侬，3 月 22 日抵达穆达汉，3 月 24 日抵达巴色，3 月 26 日抵达上丁，3 月 28 日抵达桔井。

桔井以下流域由于受区间降雨和河口潮汐的影响，无法直接从水文站的水位变化过程来判断上游的补水效果，因此，本书采用流速估算的方法来推求水流的传播时间。

允景洪水文站至桔井水文站约为 2147 km，传播时间大约为 19 d，平均流速大约为 1.3 m/s（5 km/h）。

考虑到下游流速变缓的因素，平均流速采用 1 m/s，从桔井水文站至新洲水文站约 324 km 的河段，传播时间大约为 4 d，允景洪至新洲站的传播时间大约为 23 d。根据估算结果，判断景洪水库补充的水量于 4 月 1 日左右到达湄公河下游三角洲地区，历时约 23 d。

三、2016 年应急补水对湄公河的效果分析

澜沧江小湾水电站于 2009 年汛期开始蓄水，2009 年 9 月首台机组投产发电，具有多年调节能力。澜沧江流域另一座具有多年调节能力的糯扎渡水电站于 2012 年 9 月首台机组发电。这两座大型水库能通过自然滞蓄和合理调节，发挥较强的蓄丰补枯的作用。因此，本次研究中，以 2010 年为分界，基于 2010—2015 年澜沧江梯级水库运行对湄公河干流水文情势的影响，来对 2016 年应急补水对湄公河干流产生的补水效果进行分析和评估。

（一）对湄公河干流流量影响

根据 2015 年 12 月至 2016 年 5 月澜沧江允景洪水文站和湄公河委会提供的湄公河干流 7 个控制水文站的日平均流量资料，统计各站的月平均流量，并同 1960—2009 年和 2010—2015 年多年均值进行比较分析。分析结果显示：澜沧江梯级水库运行后，由于澜沧江水库的蓄丰补枯作用，使沿程各控制水文站 2010—2015 年 3 月和 4 月的平均流量要普遍高于 1960—2009 年的平均流量。

2016 年 3—4 月应急补水期间，允景洪水文站 3 月和 4 月的平均流量分别较 1960—2009 年同期增大了 1280 m^3/s 和 985 m^3/s，较 2010—2015 年同期增大了 704 m^3/s 和 442 m^3/s，湄公河干流沿程各水文站的流量也都有不同程度的增加。2016 年，澜沧江水库应急补水使湄公河干流沿程的流量增加了 600 ~ 1010 m^3/s。

综上所述，澜沧江梯级水库在建成运行后，湄公河干流沿程各水文站 3、4 月的流量增加较明显，应急补水措施实施以后，流量较 2010—2015 年同期有了进一步的增加，这对帮助湄公河流域国家应对旱情发挥了积极的作用。

由于澜沧江梯级水库应急补水加大了景洪水库的出库流量，2016 年枯季（2015 年 12 月—2016 年 5 月），澜沧江流域的水量占湄公河流域水量的比重比往年偏大。2016 年枯季，允景洪水文站径流量占湄公河干流各站径流量的比例达到了 40% ~ 89%，较 1960—2009 年增加了 20% 左右，比 2010—2015 年增加了 10% 左右，来自允景洪站的水量占上丁站水量的比例达到了 40%。

（二）对湄公河干流水位的影响

根据 2015 年 12 月至 2016 年 5 月澜沧江—湄公河干流控制水文站日平均水位资料，对各站点的月平均水位进行了统计分析，并将统计结果与多年均值进行了比较。结果表明：在 2016 年枯季期间，2015 年 12 月的来水偏枯，澜沧江 – 湄公河流域各控制水文站 12 月的水位基本低于 1960—2009 年 12 月的均值；2016 年 1—5 月，澜沧江允景洪站的月平均水位均高于 1960—2009 年多年平均同期水位，湄公河干流各站的月平均水位整体上也高于 1960—2009 年多年平均同期水位，澜沧江梯级水库建成运行后，枯季时湄公河沿程水位均有不同幅度的抬升。

2016 年 3 月实施应急补水措施前后，允景洪、清盛、琅勃拉邦、清康、万象、那空拍侬、穆达汉、巴色、上丁等站的水位分别抬升了 1.29、1.01、1.44、1.53、1.03、0.60、0.44、0.38 m 和 0.18 m 左右，桔井站的水位抬升了 0.30 m 左右。

四、湄公河应急补水建议

本书基于 2016 年枯季湄公河流域干旱情况，对应急补水的传播时间进行了分析，并从水量和水位等角度，详细分析了 2016 年澜沧江梯级水库应急补水对湄公河干流水文情势的影响。研究结果表明：澜沧江水库的应急补水增加了湄公河干流的流量，抬高了其下游的水位，对帮助湄公河流域国家应对旱情发挥了积极的作用。主要结论和建议如下。

（1）受 2015—2016 年超级厄尔尼诺现象的影响，2016 年枯季期间，澜沧江流域的降雨量和来水量均有减少，同时，湄公河流域也经历了高温少雨的异常干旱条件。

（2）在应急补水期间（2016 年 3 月 9 日—5 月 31 日），景洪水库累计补水量为 126.5 亿 m^3。

应急补水的传播时间分析结果表明：来自中国的应急补水于 3 月 10 日抵达

清盛站，3 月 13 日抵达琅勃拉邦站，3 月 16 日抵达清康站，3 月 18 日抵达廊开站，3 月 21 日抵达那空拍侬站，3 月 22 日抵达穆达汉站，3 月 24 日抵达巴色站，3 月 27 日抵达上丁站，3 月 28 日抵达桔井站，4 月 1 日抵达新洲站。景洪水库补充的水于 2016 年 4 月 1 日左右到达湄公河下游三角洲地区，历时约 23 d。

（3）应急补水措施实施后，湄公河干流沿程各水文站 3、4 月的流量增加较明显，水位整体上也高于 1960—2009 年多年平均同期水位。2016 年的澜沧江水库应急补水使湄公河干流沿程水位抬高了 0.18 ~ 1.53 m，流量增加了 600 ~ 1 010 m^3/s。

（4）在湄公河来水偏枯的情况下，由于澜沧江梯级水库加大了下泄流量，在 2016 年枯季使澜沧江流域的水量占湄公河下游水量的比重比往年偏大。2016 年枯季期间，允景洪水文站的径流量占湄公河干流各站点径流量的比例较 1960—2009 年增加了 20% 左右，较 2010—2015 年增加了 10% 左右，来自允景洪站的水量占上丁站水量的比例达到了 40%。

本书开展的分析工作有赖于中国水利部和湄公河委员会秘书处开展的联合评估这一合作形式，从而在国际河流应急补水实践研究方面积累了宝贵的经验，也为在澜沧江 – 湄公河水资源领域的合作打下了良好的基础。

通过开展澜沧江梯级水库应急补水调度的效果分析，为研究制定应急调度预案，以及相应的评估标准起到了一定的参考和借鉴作用。

在此，提出以下建议：在未来湄公河流域水资源领域的研究中，应加强国际交流合作，同时应重点开展湄公河支流水利水电开发对湄公河流域水文情势影响方面的研究工作。

第四章　我国河湖生态流量保障对策研究

生态流量是维系河湖生态功能、控制水资源开发强度的重要指标，是维系江河湖泊生态系统的基本要素。我国水资源紧缺且时空分布不均，水土资源不匹配，部分河流开发利用程度较高，经济社会用水大量挤占河流天然径流量，而众多的江河拦蓄工程则改变了河流的天然径流过程。加强河湖生态流量管理，事关水安全保障和生态文明建设的大局，因此，在满足经济社会发展需水的同时，制定与我国水情和国情相适应的河湖生态流量保障措施，全面系统地维系江河湖泊健康可持续发展所需的生态流量，已成为我国经济社会可持续发展的重要举措。本书在统筹考虑我国水资源禀赋差异大、供需矛盾突出等严峻形势和河湖健康保障的新要求基础上，以问题和管理需求为导向，从法规标准、管理运行、监测考核、科技支撑等方面构建系统性、支撑性、针对性、持续性的河湖生态流量保障对策体系。

第一节　我国河湖生态流量保障现状

我国江河湖泊众多，水生态保护需求多样，河湖生态流量保障具有显著的地域特征。受水资源禀赋条件与经济社会发展的双重影响，河湖生态流量保障不足的问题日益凸显。

一、生态流量管理工作的重要制约因素

生态流量基本概念和内涵不统一，已成为我国系统开展科学规范的生态流量管理工作的重要制约因素。段红东等认为，各行业技术标准应各取所需，生态需水量、生态环境需水量、生态基流、敏感生态需水、最小流量、最低生态水位等表达方式和内涵多样[①]。张建永等认为，生态需水包括河道生态基流、敏感生态需水、河道内最基本生态需水[②]。赵钟楠等从河湖生态流量评价的角度，剖析了

① 段红东，段然.关于生态流量的认识和思考[J].水利发展研究，2017，17(11)：1-4.

② 张建永，王晓红，杨晴，等.全国主要河湖生态需水保障对策研究[J].中国水利，2017(23)：8-11.

生态流量保障中体系、标准、口径、流程不一致对生态流量保障工作的制约[①]。总体上看，目前在法律法规、政策制度、规划标准等方面，生态流量的概念、内涵和表征指标仍然没有统一的认识，这不仅给政策制定和管理带来混乱，也对公众理解和执行产生较大影响。

二、维持河流生态流量的客观条件不利

我国水资源禀赋条件对维持河流生态流量的客观条件相对不利。我国水资源时空分布严重不均，且与生产力布局不相匹配，导致河流生态流量的保障程度具有明显的区域差异性。大部分河川径流靠降水补给，季节变化较大，南方地区60% 以上的降水集中在汛期，北方地区甚至超过 70%。同时，气候变化引起的降水减少，下垫面变化引起的产汇流减少等，均导致北方地区河川径流总量衰减明显，进一步加剧了经济社会用水和河道内生态用水的矛盾，继而增大了河湖生态流量不足的风险。

高强度人类活动导致经济社会发展规模超出水资源的承载能力，特别是以部分北方城市为代表的地区，经济社会用水挤占河道内生态用水严重。长期以来，我国经济和人口布局与水资源承载能力不相匹配。全国 45% 的人口、83% 的煤炭、87% 的石油、75% 的天然气、47% 的耕地资源分布在资源性缺水地区 657 个，建制城市中 320 个分布在资源性缺水地区。

年调节和多年调节的水库以及中小河流上的水电站对河流生态流量影响巨大，致使河流生物敏感期的生态需水未能得到有效的保障，工程建设和调度运行方式的不合理是部分河湖生态流量不足的直接原因。

我国江河上建有水库 97 895 座，水电站 46 696 座（与水库有重复），河道节制闸 55 133 座，若不坚持生态优先的原则实施科学调度，势必对河流生态流量产生较大的不利影响。

三、生态流量监测和管理能力薄弱

对维持河湖生态流量重要性的认识存在逐级递减的倾向，生态流量监测和管理能力薄弱。目前，河湖生态流量管理及监控尚缺乏具体的法律法规，对生态流量的认识和管理仍处于逐步深入的过程。实际工作中存在监管主体不明确，管理体制、机制不健全，及监测、监管薄弱等问题。部分地区监管责任制不到位，尚

① 赵钟楠，魏开湄，李原园，等.新时代河湖生态水量评价若干思考[J].中国水利，2018(13)：7−9.

未将河流生态流量管理与河长制工作密切衔接，导致流域内河流生态流量不足问题得不到有效根治。

生态流量法规政策和体制、机制建设严重滞后，与当前生态文明建设和国家治理能力现代化的需求不相匹配。目前，我国相关法律、法规明确了生态环境用水或生态用水的法律地位，但大多属于原则性规定，对生态流量的确定、保障、监督等相关责任主体及程序等均未做出安排，操作性不强，不利于指导各地贯彻执行。有关河湖生态流量管理的制度和措施相对分散，缺少专门的法规或政策性文件，未在制度层面形成完善的生态流量法规政策体系。

第二节　我国河湖生态流量保障总体思路

生态流量保障是系统性工程，要坚持应对水生态问题和满足水资源管理要求两种导向。总体来看，河湖生态水量保障对策措施必须坚持河流水系整体性，水资源、生态环境和经济社会协调性等，综合考虑水资源禀赋条件、开发利用状况与需求、生态环境保护要求等，按照需要与可能相结合，合理确定切实可行的生态流量保障对策。

一、处理好人与自然的关系

生态流量保障对策应按照人与自然和谐相处的原则，既要保障人及经济社会发展的合理用水需求，又要维持河流水系的健康[①]。对于人及经济社会不合理的行为和用水需求，应以流域和区域水资源水环境承载能力为控制上限进行调整和控制，全力保障河流水系维持基本廊道、基本形态、基本环境容量、基本栖息地等生态流量。

二、尊重河流自然规律和水生生物生长特性

生态流量保障对策要从河流自然规律出发，尊重河流流量年际、年内的变化节律，综合考虑水生生物越冬场、产卵场和索饵场等不同要求，制定适宜的保障措施及实施过程。

① 张海滨，尹鑫，李伟.我国河湖生态流量保障对策体系研究[J].水利经济，2019，37(04)：13−16+63+75.

三、基于历史和现状探寻生态流量保障的可靠途径

生态流量保障对策要充分考虑河流水资源开发、人类居住点、经济社会格局等历史因素，合理确定河流生态保护的目标和水平。对于开发利用程度较高、人类活动影响剧烈的河流，应考虑现实情况，分步分期地制定生态流量的保障对策，逐步实现水资源经济社会生态环境的协同发展。

四、注重生态流量保障措施的系统性和长效性

生态流量保障涉及面广，保障措施应从水生态系统出发，针对上下游、干支流、左右岸及岸上岸下系统施策。生态流量保障工作是一个长期的工作，要充分考虑各项对策措施的长效性。

五、突出生态流量保障措施的适应性

人为确定的生态流量随着人们对水生态系统及其水生生物习性认识的加深而改变，生态流量各项保障对策要根据不同阶段、不同时期生态保护目标的情况，进行适应性调整。

第三节　我国河湖生态流量保障对策体系

河湖生态流量保障事关河湖生态系统健康，事关国家水安全保障，事关生态文明建设战略的实施和美丽中国战略目标的实现。我国现有水资源配置、保护、调度等国家重大规划中均对生态流量保障工作提出了明确的要求，相关研究和河流管理者也在不断地探索河湖生态流量保障方式。2010 年国务院的《全国水资源综合规划》从水资源配置角度，对河湖生态用水保障提出了要求。2017 年水利部的《全国水资源保护规划（2016—2030 年）》提出了全国重要河湖、重要断面生态基流和敏感期生态用水的阈值。2016 年水利部的《全国水中长期供求规划》提出建立与水资源承载能力相均衡的水土资源开发利用格局与方式，以实现水资源的可持续利用，维系良好的生态环境。王晓红等提出在绿色水利水电工程规划中，要注重工程的绿色生态改造，建立闸坝联合调度、下泄生态流量监测预

警、执法监管等保障对策①。董哲仁等通过对国外环境流的发展和应用总结，提出环境流要推行适应性管理策略②。袁勇等从河湖生态修复的角度，提出应从水源涵养与水土保持、生态补水、城乡节水等方面保障生态需水③。王道席等通过对黑河正义峡以下河段植被的生态需水规律和尾闾东居延海适应水量的研究，提出对正义峡应采用春季集中调度、适时洪水调度、秋季 3 个月连调的生态水量调度模式。

河湖生态流量保障是一项涉及多部门、多领域、多环节的复杂、综合性工作，必须综合、系统、长期施策，才能从根本上实现生态环境与经济社会之间的协同发展。

一、构建完善的法规标准保障体系

（一）建立系统完整的行业标准，统一内涵和认识

对于我国，河湖生态流量的管理工作是一项较新的工作，各级、各部门对生态流量的概念和内涵认识不统一，界定生态流量的要求不统一，现有的行业技术标准也不一致。

各部门在生态流量研究中，多以自身工作需求为出发点，技术方法自成一体，部门间交流沟通不够，与生态流量工作跨学科、跨行业的特点不相符。

即便是水利行业标准，推荐的生态流量计算也是方法繁多，针对性不强，各种方法计算结果不一，给实际应用带来了困难。建议加强河湖生态流量的基础性研究，在系统梳理分析国内外现有生态流量基本概念的基础上，进一步深化研究并提出能够达成共识的河湖生态流量的概念和内涵。

针对不同地区的气候、地理、地貌特点，不同的河流特点，河流生态系统特点和保护对象、生物生长敏感时期等，加强基础理论和计算方法研究，结合应用实际，使行业技术标准更加简洁、准确、实用，以指导全国河湖生态流量确定，为河湖生态流量的管理工作提供坚实的科学基础。

① 王晓红，张建永，廖文根，等.绿色水利水电工程规划建设中的生态流量保障措施研究[J].环境保护，2018(增刊1)：60−64.

② 董哲仁，张晶，赵进勇.环境流理论进展述评[J].水利学报，2017，48(6)：70−77.

③ 袁勇，赵钟楠，张海滨，等.系统治理视角下河湖生态修复的总体框架与措施初探[J].中国水利，2018(8)：1−3.

（二）构建完善的法规政策，把河湖生态流量工作纳入依法保障的范围

通过对国内外，特别是国外的案例调查梳理，发现生态流量实施成功的关键是转变生态价值观，将河湖水系作为合法的水量使用者，在法律层面予以明确和保护，聚焦重点，在水资源管理、濒危物种保护、工程运行等方面加强政策法规的支持性。由于河湖生态流量管理工作是一项长期的工作，必须推进其法制化建设，从法律的角度明确河湖生态流量中各参与方的职责和权利，依法确定生态流量管理的责任主体、管理内容、各级各部门的沟通协调机制、监督考核机制、奖惩机制等依法确定生态流量保障规划的法律地位，确保生态流量保障规划与流域、区域规划之间的协调衔接。对水量统一调度、用水总量控制、监督管理、生态流量保障、生态流量泄放和监测设施设置、监督考核、法律责任等做出相关规定。考虑到当前生态流量保障形势的严峻性，应加快出台国家层面的相关指导性意见，明确各级河流生态流量保障的责任主体，确定工作目标，落实工作任务，规范技术方法，健全工作机制，以指导全国开展河湖生态流量保障工作。

二、建立完备的管理运行保障体系

（一）推动河湖生态流量保障的分级管理，明确保障职责

河湖生态流量管理工作不仅涉及长江、黄河等大江大河，也涵盖了大量的中小河流。根据河湖流域跨行政区特征以及生态流量对区域乃至全国生态环境的影响程度，结合政府机构改革和事权划分改革，建立分级负责的河湖生态流量保障事权责任体制，明确中央，流域机构，省、地、县各级政府部门对河湖生态流量的责任，形成上下齐心、全民共抓河湖生态流量保障的局面。

（二）把河湖生态流量保障放在首位，加强流域水资源统一配置

对于不同的河流，需有针对性地考虑生态流量的要求，因地制宜地进行流域水资源统一配置。如瑞典的小水电，水电开发程度很低的河流，对生态流量不做要求，但水电开发程度高的河流，明确规定了生态流量的要求。应将河湖生态流量纳入流域、区域水资源统一配置，科学制定流域、区域水资源配置方案，合理规划建设跨流域、跨区域引调水工程。以水资源承载能力为基础，充分考虑重要河流控制断面生态流量目标，继续推进江河流域水量分配工作；对水资源在经济社会系统和生态环境系统之间、不同流域和区域之间进行合理调配，逐步退减被挤占的河道内生态环境用水和超采的地下水。针对海河流域等水资源天然禀赋严

重不足引起河道生态缺水问题突出的地区，以优先保障河道内生态用水，重点保障湿地生态水面为目标，统筹考虑当地水、外调水、非常规水等多种配置水源，合理配置生态水量；在常规水量配置手段无法满足生态用水的情况下，对重点恢复和保障目标，要开展应急补（调）水，努力将其恢复为有水的河、绿色的河、清洁的河。

（三）推动水资源调度的信息化和智慧化，提高水资源调度的精细化水平

提高经济社会用水与河湖生态流量之间的适应性管理水平和能力，充分发挥新技术在生态流量管理和调度中的作用。大力推进创新发展，加大大数据、云计算、互联网+、人工智能在流域水资源统一调度中的应用，根据流域综合治理保护目标和江河水量分配方案，在满足防洪安全的前提下，科学制定流域水资源调度方案、应急调度预案和水工程调度管理办法，不断完善流域水量调度方案体系。把河湖生态流量作为水量调度方案的重要约束指标，纳入水量调度管理要求。健全流域统一调度和分级调度责任体系，进一步强化区域水资源调度服从流域水资源统一调度，水力发电、供水、航运等调度服从水资源统一调度，解决长江流域等由于上游水电站调峰运行导致下游生态流量不足的问题。建议选取年调节和多年调节的水库且生态系统功能近期能够改善或恢复的河流，开展智慧水库管理调度试点，运用信息化新技术，建立或升级完善水库智能化调度功能，综合分析防洪抗旱、生产生活供水、灌溉、发电和生态等方面的要求，提高水库来水预报、水库安全状况评价、经济社会供水需求分析、下游河流生态需水分析等方面的能力和水平，更加科学精准地调度水库水量，安排好生活、生产、生态用水，提高水库下游河流生态流量保障程度。

（四）完善河湖生态流量配套设施的建设与运行管理，提高涉水工程生态流量保障能力

对新建水库、水电站、引水闸坝等拦河建筑物，要深化前期论证，充分考虑河湖生态环境保护要求，尽可能减少对水文情势、河流形态和生物生境的影响。统筹考虑生活、河道生态环境用水和生产需求，加强水文情势和生态状况调查评价，科学确定涉水工程生态流量保障目标和过程要求。对水资源开发规模不合理、取水布局和方式不合理、无生态流量保障措施的项目，不予核准或批准立项。新建涉水工程按照审查审批要求，将生态流量泄放设施、监控设施及投资纳

入工程建设，与主体工程同时设计、同时施工、同时投产使用已建涉水工程，尚未按要求建设生态流量泄放和监控设施的，严格取水许可管理，停止取用水并限期整改；建设年代较早且无生态流量泄放要求的，分期分批合理核定生态流量下泄要求，逐步推进生态化改造；对生态影响较大且无法实施改造的，逐步关停或退出。将生态流量保障增列为涉水工程调度目标，与防洪、供水、发电并重，调整调度规程，针对不同保障目标，分级分类提出河流生态流量调度和管理规程。有条件的地方开展智慧水库管理调度试点，提高水资源调度精细化水平，尽力保障下游生态流量刚性约束指标要求。

（五）建立完善的河湖生态流量生态补偿机制

由于历史局限，大量建于20世纪的小型水电站未建设生态流量泄放设施，导致部分水电站发电用水和环境用水存在冲突。随着社会对河流生态系统服务功能要求不断提高，浙江、福建等省着手对现有小型水电站实施改造、限制、退出的政策，明确生态流量标准，建立生态流量放流制度，同时在补偿政策方面进行了积极探索。这是一个社会生态效益和企业发电效益双赢的政策，值得广泛推广。但考虑到全国需要改造、限制、退出的小型水电站数量众多，如不能调动企业积极性，单靠政府补贴势必大幅度增加财政负担，因此建议研究综合补偿政策。如，政府通过帮助解决小型水电站电价不落实、发电上网难等问题，实行改造、限制前后的差别电价，使企业泄放生态流量得到补偿。对主动退出的电站给予适当补偿等政策，调动小水电企业走向绿色发展道路的积极性。

三、构建系统的监测考核保障体系

（一）推动河湖生态流量监测预警体系的建设

实施长期监测和评估是生态流量管理必须开展的工作。从国外相关生态流量保障的案例来看，生态流量管理成功的流域均是经过了20 ~ 40年不等的长时间监测评估，不断修正生态流量过程才取得成功。如美国的持续性河流计划花了15年时间、南非花了31年才达成目标，英国的肯尼特河花了27年。

因此，我国需加快构建系统的河湖生态流量监测预警体系，加快河流重要控制断面及跨行政区断面监测站点建设，完善河湖生态流量监测站网，实现重要断面、省界断面生态流量监测全覆盖，重点加强平、枯水期流量监测能力，提高小流量测验精度。

水库、水电站、闸坝等各类涉水工程管理单位，限期完善水文监测和实时监

控设施，对口门引提水、闸门启闭等实现在线监控。

加强流域、区域生态流量信息的及时报送，提高生态流量监测的针对性和实效性，逐步实现监测图像、数据的实时报送。

将河流生态流量监测数据纳入全国水资源信息管理系统，建立监测预警平台，实现数据共享和动态更新，逐步建立河湖生态流量监测预警信息发布机制。

（二）完善河湖生态流量保障监督考核制度

将河湖生态流量监管作为各级政府最严格水资源管理和河长制、湖长制工作的重要内容，将河湖生态流量满足程度作为考核的核心指标，进一步强化河湖生态流量保障在最严格水资源管理制度和河长制、湖长制工作中的地位，强化地方各级政府责任，严格考核评价和监督，逐级传递压力，形成齐抓共管的良好局面。明确生态流量监管要求，以及主管部门和其他相关单位职责，加强跨区域、跨部门联动机制建设，建立基于多目标管理的生态流量保障长效机制。加强监督管理和责任追究制度建设，研究出台行政区域和涉水工程生态流量保障考评制度。积极探索建立生态流量保障公众参与机制，提高生态流量工作的公众参与及监督管理水平。

四、构建长效科技支撑保障体系

由于人类活动和气候变化的影响，水资源可利用量的不确定性增加，生态流量保障实践面临着挑战。应加快推进河流生态流量机理研究、湿地生态水量研究、季节性河流生态流量目标研究、生态流量调度和汛限水位的关系研究、闸坝生态流量调度关键技术研究、黄河水沙情势变化基础研究、黄河干流和重要支流功能性不断流调度指标研究、黄河水量多目标调控的水资源综合调度关键技术研究、黄河干流骨干工程调度措施研究、太湖水生高等植被生长与太湖水位的关系研究、水利水电工程精细化调度管理关键技术研究等重大理论技术研究，为生态流量保障工作提供理论支撑。

我国生态流量的保障工作仍处于起步探索阶段，各部门、各行业对生态流量的认识还存在一定的差异，从国家层面开展顶层设计和制度设计，统一认识，形成合力，是我国系统开展生态流量工作的基础。

生态流量的保障工作是一项长期的工作，不能一蹴而就，需要实施探索、监测反馈、调整适应，通过数十年的持续工作，寻找与生态系统相适应的生态流量过程，最后才能达到生态流量保障工作的效果。

生态流量的保障工作需要因地制宜、因河施策，保障工作必须符合河流的天然特性和自然规律，工程措施和非工程措施需有机结合，切忌一刀切，要突出保障措施的适应性和可操作性。

生态流量的保障工作需要利益相关者与公众的共同参与，科学合理地协调生活、生产、生态用水，因地制宜地建设生态流量保障对策措施。

第五章　生态流量管理典型案例

第一节　贵州赤水河生态流量管理

赤水河是长江上游一级支流中少有的、自然流淌的生态河流，也是国内唯一一条没有被污染的长江支流。河流中鱼类资源丰富，特有鱼类分布具有独特性和异质性，是长江上游珍稀特有鱼类国家级自然保护区的重要组成部分。

为减缓经济社会发展挤占河道内生态用水、工业及城镇排污污染部分河段、水电开发破坏河道连续性等对赤水河带来的负面影响，贵州省出台了一系列流域保护政策，科学确定了生态流量基准，出台了生态流量调度方案，为维持和改善流域水生态奠定了坚实基础。

一、赤水河水生态环境概况

赤水河是长江上游南岸较大的一级支流，发源于云南省镇雄县，沿川黔边界流至四川省合江县，与习水河相汇合后注入长江①。

赤水河全长 444 km，流域面积 18 932.2 km^2，涉及云、贵、川 3 省的 4 个地级（13 个县级）行政单位。流域地处云贵高原与四川盆地接壤地带，属大陆气候，冬干旱、夏湿热，最高气温 39 ℃，最低气温 –5 ℃，年平均气温 15~20 ℃，中下游夏季炎热，冬季温和。

上游高原区年降水量 900 ~ 1000 mm，中下游丘陵区 1000 ~ 1500 mm，降雨多集中在 6 月至 9 月，占年降水量的 60% 左右，冬季雨量稀少，12 月至次年 1 月降水量仅占全年的 4%。河流水量主要由降雨形成，洪、枯水位变幅大。

赤水河平均流量 296 m^3/s，年平均含沙量 0.924 kg/m^3。赤水河流域地质、气候和地形、地貌条件复杂，形成多样的植被和土壤类型。全流域共有珍稀保护动植物 70 余种，其中国家级重点保护植物共有 38 种，国家Ⅰ级保护动物 5 种，Ⅱ级保护动物 27 种。

赤水河是长江上游唯一一条干流未建坝的一级支流，其干流和多数二级支流

① 张建永，王晓红，杨晴，等.全国主要河湖生态需水保障对策研究[J].中国水利，2017(23)：8−11.

至今仍然保持与长江的自然连通，因而成为长江上游特有鱼类及多种水生生物的重要栖息地或产卵场。赤水河分布的 112 种鱼类中有 15 种为该流域所特有，占流域鱼类总数的 13.4%。

二、完善区域水资源水生态保护法律体系

早在 2011 年贵州省就制定出台了《贵州省赤水河流域保护条例》，明确禁止在赤水河干流和珍稀特有鱼类洄游的主要支流进行水电开发、拦河筑坝等影响河流自然流淌的工程建设活动。

2017 年 1 月 1 日实施的《贵州省水资源保护条例》要求，县级以上人民政府水行政主管部门应当会同环境保护等行政主管部门制定基于生态流量保障的水量调度方案，确定河流的合理流量和湖泊、水库的合理水位，这是全国范围内第一个出台相关规定的省份。

同时，该条例还明确要求已建成的水库、水电站等蓄水工程的管理单位按照调度方案下泄生态流量，保障生态用水基本需求。

三、科学制定流域水量调度方案

2016 年，贵州省水利厅组织制定了《基于生态流量保障的贵州省赤水河－綦江流域水量调度方案》，综合考虑流域水资源条件、生态环境保护要求、开发利用现状及需求，统筹协调河流生态环境功能与社会服务功能的关系，选取相对适用的 Q90 法和 Tennant 法（蒙大拿法），确定了赤水河水文站、茅台水文站、赤水水文站及清池断面的生态流量，并结合调度运行实际情况实行生态流量调度方案动态调整机制。

该方案将非汛期作为重点调度时段，工程措施与非工程措施共同发挥作用，区域水资源调度服从流域水资源统一调度，水力发电、供水、航运等调度服从流域水资源统一调度，并严格执行水电开发中的生态流量管理，从而维持河湖基本生态用水需求。

四、赤水河河长制水生态环境评估指标

2016 年 12 月，中共中央办公厅、国务院办公厅印发了《关于全面推行河长制的意见》。目前，全国各省区市全力推行河长制。如今，河长制的建章立制基本结束，而切实有效推进河长制各项任务的落地将会是未来推行河长制的工作重点。

赤水河是长江重要一级支流，在长江珍稀特有鱼类资源保护方面具有重要意义。

河流水生态修复效果评估也可理解为河流健康状态评估，目前国内外关于河流健康评估指标的相关研究较多，有学者对贵州省赤水河干流健康评估指标体系进行过研究[①]，但目前大部分河流健康的评估是以物理、化学指标为基础，通过对物理、化学指标的分析来反映河流系统所处的环境条件状况。

如今，更多的研究采用生物指标进行河流健康评价，生物指标涵盖了个体、种群、群落和生态系统等多个层次，涉及浮游生物、底栖生物、鱼类等物种。

目前在评价方法上，河流健康评估一般都采用综合评价方法，在评价尺度上更会趋向于针对区域或流域进行评价。

落实河长制则要求在水资源保护、河湖水域岸线管理保护、水污染防治、水环境治理、水生态修复和执法监管六个方面加强工作力度，并持续推进。

赤水河不仅是长江上游重要的鱼类栖息地，也是长江上游重要的生态屏障。

水生态环境恢复效果的评估将会是河长制下阶段的工作重点，若赤水河流域各级河长严格执行河长制各项要求，按照水生态环境方面的评估指标开展相关工作，则赤水河流域“水清、河畅、岸绿、景美”的目标定会尽早实现。

五、贵州赤水河流域生态文明制度改革的创新实践

地处中国西南腹地的贵州长期发展滞后，改革开放的程度不深、力度不够，但也保留了青山绿水。贵州一直积极探索欠发达地区立足自身优势实现跨越发展的新模式。

党的十八大以来，贵州确立“生态优先、绿色发展”的战略，志在通过生态文明改革实现科学发展、后发赶超。

在破解区域发展和生态保护这对“孪生兄弟”的纠葛困局上，赤水河在贵州省八大流域中尤为突出。

如何找准行之有效的抓手和突破口，在推进生态文明建设中增强生态文明体制改革的系统性、整体性、协同性？面对以上问题，贵州省委省政府围绕赤水河流域设计了互为支撑、相互关联的生态文明改革措施。

（一）立足“责权明晰”，抓自然资源使用管理及审计制度建设

赤水河生态环境保护中存在的一些突出问题，主要原因是资源使用及管理体制不健全，导致全民所有自然资源资产的所有权人不到位，所有权人权益不落实。

① 赵钟楠，魏开湄，李原园，等.新时代河湖生态水量评价若干思考[J].中国水利，2018(13)：7-9.

“建立流域资源使用和管理制度”“建立自然资源资产审计制度”是解决问题的关键。贵州省按照“山水林田湖是一个生命共同体”理念，建立赤水河流域自然资源资产产权和用途管制以及有偿使用制度，完善已有产权登记制度，对水流、森林、山岭、草原、荒地、湿地等自然生态空间进行统一确权登记。在“摸清家底”基础上，加大自然资源资产责任追究力度，将自然资源资产责任审计作为流域领导干部经济责任审计的重要内容。

（二）立足“底线”，抓流域生态保护红线制度建设

赤水河流域地貌复杂、山高谷深、地质构造复杂、河流纵横，是长江上游和贵州的重要生态樊篱，是贵州重要的水土保持区。如何划定并严守生态红线，对赤水河紧紧守住经济和生态两条底线、推进贵州国家生态文明试验区具有重要意义。

赤水河生态红线按照省级指导、地方组织、自上而下和自下而上相结合的办法科学划定。

划定的赤水河流域生态功能保障基线、环境质量安全底线和自然资源利用上线，将区域分级分类的精准化管理模式纳入政府常态化工作。

具体实施上，各县（区）政府是严守流域生态保护红线的责任主体，切实履行对生态保护红线内森林、河流、湖泊、湿地等自然生态系统的保护管理责任；同时建立目标责任制，把生态保护红线目标、任务和要求层层分解、落到实处，确保各地区生态保护红线总面积和比例原则上维持不变。在常态监督上，赤水河流域各区（县）有关部门按照职责分工，做好组织、指导和协调工作，开展生态保护红线日常巡护和执法监督，强化红线刚性约束，切实做到守“线”有责、守“线”尽责。

（三）立足“资源有价”，抓生态补偿制度建设

赤水河生态补偿制度的建立，进一步体现了“谁开发、谁保护，谁破坏、谁恢复，谁受益、谁补偿，谁污染、谁付费”的原则，切实强化了地方政府对环保的重视，有效调动地方政府履行环境监管职责的能力。

在流域推行水污染生态补偿机制中，切实加强了污染防治，特别是工业污染；有效遏制了上游向下游排污，解决了流域水污染难题，促使流域水质得到明显改善。

赤水河流域开展的流域生态补偿实践，积累了一批有益的经验和做法。

通过制定《贵州省赤水河流域水污染防治生态补偿办法》，明确上游毕节和

下游遵义两市的职责，确定补偿金额、核算办法、核算指标。关于生态补偿程序，贵州生态环境厅负责水环境质量监测，水利厅负责流量监测并通报生态环境厅，生态环境厅根据水量和水质情况，核算生态补偿资金并通报省财政厅和地方政府，财政厅按照环保厅通报的生态补偿资金，按照财政的有关规定，实施划转。

生态补偿落实的关键在于生态补偿资金来源。赤水河生态补偿资金纳入当年本级财政预算予以保障，地方政府各级财政归集的补偿资金纳入同级环境污染防治资金进行管理，专项用于赤水河水污染防治和生态修复，不得挪作他用。

（四）立足“长效机制”，抓环境保护河长制

赤水河流域遵义段，由于早期“小、散、乱”白酒企业排放大量污染物，使得赤水河局部水体受到较为严重的污染。通过实施环境综合整治以及加大执法力度等措施，赤水河流域水质得到一定程度改善，但水体中总磷、氨氮等污染物仍有升高趋势。

为改善河流水质，进一步落实地方政府对本辖区环境质量负责的法律责任，把赤水河纳入“河长制”这项流域环境保护基本制度，保护流域水质。

河长制考核要求赤水河流域内各“河长”确保各年度计划、项目、资金和责任“四落实”，并由贵州生态环境厅对“河长”上年度目标任务完成情况进行考核。由于考核的对象是“河长”而不是政府或部门，这就增强了各“河长”的责任意识，使其每年都将流域环境保护列入政府重要工作进行安排和部署。

赤水河流域河长制的实施，将地方权力与环境质量直接关联，“生态环境”的行政地位与“经济发展”开始平等，治水不仅是部门职责，更涉及政府考核，最大限度地整合了各级党委政府的执行力。

（五）立足“上下游共治”，抓建立健全生态环境治理体系建设

建立农业农村污染合力整治制度、建立生态环境治理和恢复制度等改革任务，将生态环境质量目标同流域产业发展、扶贫开发等挂钩，督促地方政府层层分解赤水河生态环境保护任务，实现项目从规划到实际落地。

具体操作上，通过赤水河流域生态环境治理和恢复制度，建立以水土流失治理、石漠化治理、退耕还林（草）等为主要内容的生态修复措施。结合区域农业产业结构调整和建设，因地制宜采取植树造林、封山育林、退耕还林（草）、坡改梯和小流域治理等生物与工程措施。重点围绕赤水河上游河流源头、河谷区、

炼磺区以及矿产开采区等重点地区的地貌与植被破坏治理和水土流失治理。通过赤水河流域农业农村污染合力整治制度，统筹流域产业发展、扶贫开发、生态移民、环境整治等项目和资金资源，根据赤水河流域产业发展特点，建立上下游产业发展和扶持制度，加快转变传统农业产业结构，并同步加快生态环境敏感区域内的扶贫生态移民工程实施，结合移民搬迁因地制宜处置农村生活污水和垃圾。

总体上，通过调整赤水河上下游产业互助、水土流失共治、整合农业农村污染等综合性措施，统一提高上下游各级党委政府生态环境保护的力度，形成生态环境保护合力。

（六）立足“政企投资”，抓生态文明投融资体系建设

改革措施基于赤水河环境污染治理资金存在的问题而设立。建立环境污染第三方治理制度，关键在于治污设施“投、建、运、管”各阶段通过 BOT、TOT、PPP 等形式运营，推进排污企业退出污染治理市场，以第三方专业技术服务保障治污设施正常运行，最终实现“谁污染、谁付费”和“社会化、市场化、专业化”。

贵州省按照“统筹规划、调查摸底、深入推进、监管考核”的工作部署，有力有序地推进第三方治理。

完善生态环境保护投融资制度，建立多元化的环境保护投融资体系，使公司企业环保资金、社会环保资金逐步成为环境污染治理资金来源之一。依据改革任务，省财政厅按程序报请省人民政府批准设立赤水河流域专项保护资金，列入本级财政预算，将赤水河流域 8 个县市纳入中央和省财政森林生态效益补偿基金覆盖范围。各部门从本系统财政资金中划拨专项资金用于退耕还林、三产转移、水污染治理等，极大地提高了赤水河资金筹措效率。

资金投入后，如何确保使用到位?

下达的不同来源资金拨付使用均受到层层监管。围绕资金管理，出台《贵州省赤水河流域水污染防治生态补偿办法》，结合《贵州省农村环境保护专项资金环境综合整治项目管理暂行办法》《贵州省农村环境保护专项资金管理暂行办法》等资金使用制度，对项目管理、实施、维护等做出明确要求，明确通过督查、月报、年评估等手段，实行项目动态监管，为试点的高效实施和快速推进提供了政策保障。

（七）立足“法治”，抓生态文明法治体系建设

赤水河流域环境违法案件处置一直面临着环保部门执法力量薄弱和环境违法

案件移送困难的两大难题。

为破解上述问题，赤水河流域设计了推进生态环境保护监管和行政执法体制改革、建立健全生态环境保护司法保障制度两项改革任务。

通过落实《贵州省环境监督管理网格化制度》，以省、市、县、乡四级环境保护部门为主体，按照行政区划和监管对象分块管理，责任到人，实现 80% 的执法人员、80% 的时间深入一线执法。

明确在各级司法机构中建立生态环境保护机构，进一步强化试点流域生态环境保护执法能力，赤水河流域各区（县）逐步配备完善生态资源司法力量，实现生态资源司法力量下沉，解决环境监管缺位问题。

（八）立足“履职尽责”，抓完善生态文明责任追究制度建设

当前，赤水河流域面临水资源量减少、部分污染物指标出现升高、水土流失严重等问题。而在问题发生后，责任追究却很难得到有效落实，尤其是具有决策权的地方党政领导干部很难受到应有的处罚。

其结果是，党和政府形象受到损害，法律失去尊严，群众丧失信心。

对此，贵州省对赤水河流域领导干部实行自然资源资产离任审计，建立生态环境损害责任终身追究制。

（1）出台实施《贵州省赤水河流域环境保护问责办法》，对党政领导干部在任期间辖区内赤水河流域生态环境恶化、保护工作不力、群众反映强烈的生态破坏等问题严加防控。

（2）加强法律监督、行政监察、舆论和公众监督，统一执法尺度，规范执法程序，加大违法行为查处力度。

（3）对破坏生态环境的企业和个人，若造成严重后果的依法给予行政或刑事处罚，解决有法不依、违法不究、执法不严的问题。

（4）通过扎实推进生态文明体制改革措施，赤水河流域经济发展势头持续向好，生态环境质量持续向好。

赤水河在生态文明体制改革试点工作中的经验及成果复制到贵州乌江、清水江、牛栏江横江、南盘江、北盘江、红水河和都柳江七大流域，赤水河真正成为贵州生态文明制度改革的先河。

第二节　福建小水电退出机制试点

福建缺乏煤、石油、天然气等常规能源资源，丰富的水力资源对区域经济社会发展具有重要作用。

1949 年后，福建农村水电迅猛发展，目前已建成小水电站 6608 处，装机容量 734 万 kW，位居全国第三位，是名副其实的小水电之乡。

福建省水电开发几近饱和状态，造成下游河段减水、脱水等问题突出。

近几年来，福建省逐步建立健全小水电退出机制，进一步强化了小水电管理，在一定程度上改善了河流生态流量状况。

一、明确各部门生态流量管理职责

2010 年出台的《福建省环境保护监督管理“一岗双责”暂行规定》明确：

（1）政府及有关部门的主要负责人是本行政区域、本部门职责范围内环境保护工作的第一责任人。

（2）由水利部门负责合理调度水资源，确保水源水量要求和下游生态流量需要，牵头实施汛期放水冲污，指导各水电站安装最小下泄流量在线监测设备。

（3）经济贸易部门负责督促相关水电站业主按要求安装最小下泄流量在线监控装置，并根据环保部门提供的监控数据，按照分级管理原则，会同有关部门督促相关水电站落实最小下泄流量要求。

二、立法强化水电站最小生态下泄流量的相关要求

2012 年起实施的《福建省流域水环境保护条例》明确规定：

（1）县级以上地方人民政府环境保护主管部门应当会同水行政等主管部门，根据流域综合规划或者水能资源开发规划环境影响评价要求，科学制定辖区内水电站最小生态下泄流量。

（2）县级以上地方人民政府水行政主管部门应当会同环境保护主管部门，根据流域水量和水环境质量变化情况，科学制定调水方案。

（3）重点流域内水电项目应当安装下泄流量在线监控装置，执行最小生态下

泄流量和调水方案。

同时，该条例还制定了相应的惩罚条款：

（1）未执行最小生态下泄流量，由县级以上地方人民政府环境保护主管部门责令限期改正，逾期不改正的，处5万元以上20万元以下罚款.

（2）未执行调水方案规定的，由县级以上地方人民政府水行政主管部门责令限期改正，逾期不改正的，处5万元以上20万元以下罚款。

三、加强水电站最小生态下泄流量在线监控

为确保重点流域最小生态下泄流量执行效果，2012年制定出台了《福建省水电站下泄流量在线监控运行考核办法（试行）》，公布了117座水电站的最小生态下泄流量目标值，要求水电站必须按照政府有关部门下达的安装计划安装下泄流量监控装置，并向各级环保部门监控中心稳定传输监控数据。数据要如实反映水电站瞬时下泄总流量，时间间隔为15 min一次，每小时上传的4组数据平均值或者其中至少1组数据要满足最小生态下泄流量要求，否则可认定水电站未执行最小生态下泄流量。除了数据监控与传输要求外，该办法还对监控装置的属地管理、现场检查和日常监督、认定与惩处等做出了明确规定。

四、强化水电站最小生态下泄流量执法监管

针对一些地方环保部门忽视水电站下泄流量的日常监管，未认真履行属地监管职责，未能依法查处违法违规水电站等问题，2013年，福建省环保厅出台了《关于强化水电站最小生态下泄流量执法监管的通知》，将重点流域水电站下泄流量执法工作列入环境监察年度工作考核范围，进一步明确了各水电站的最小生态下泄流量标准，以及是否执行最小生态下泄流量的认定方式；强调要完善调查取证，依法下达限期改正通知书，逾期未改正的实施行政处罚。

同时，要求有关设区市环保局组织人员对辖区内下泄流量监控装置与环保部门联网的水电站逐家进行专项检查。

五、农村小水电退出与转型升级试点县实施效果

实施水电站转型升级既是推动水生态保护修复的重要措施，也是一项涉及面广、任务重、政策性强的工作[①]。永春县是全国小水电发祥地，素称“小水电之乡”。长汀县是水电大县、全国第一批农村电气化试点县。选择这两个县作为农

① 袁勇，赵钟楠，张海滨，等.系统治理视角下河湖生态修复的总体框架与措施初探[J].中国水利，2018(8)：1-3.

村小水电退出与转型升级试点县具有典型意义。

（一）社会效益、生态效益显著

长汀县水电站退出后可恢复生态河道、减少脱水段共 33.8 km。永春县 15 座水电站退出，减少 18 km 主河道裸露和干涸。在水电站运行之前，脱水段几乎没有水，河道失去水流连续性，影响水生态传递。水电站退出或降低挡水坝高程以后，脱水段消失，河道水生态得到连续传递，增加河道蓄水、保水、养水能力，提升流域水利风景区景观，达到生态修复、水质改善、环境优化的目的。

（二）防洪减灾效益明显

改造退出水电站的拦河坝，恢复河道生态流量，有效降低洪水位，减少洪灾损失。

2015 年“5.19”洪灾中，东坑水电站正处于庵杰乡重灾区。拆除水电站拦河坝体后，该河段洪水位降低 2 m，东坑水电站上游的村庄、农田免遭暴雨洪水侵袭，庵杰乡涵前村的燕背自然村安然无恙。

据估算，此次洪水至少减少 2000 万元的经济损失。

（三）消除安全隐患

退出水电站一般为装机非常小的老旧水电站，存在很多安全隐患，例如：

（1）生产设施老化、失修，机组设备接近或超过报废年限仍在运行，部分机电设备不齐或失效，水库大坝、压力前池、压力钢管、渠道漏水；无证上岗人员多，且老龄化。

（2）部分水电站管理混乱，安全生产意识不足。

这些水电站的退出有助于消除安全隐患。

（四）合理转型升级

引导规模较大、资产较好的水电站进行资产资本运作，同时推动一批县、乡、村水电站技改，以水电精准扶贫扩大社会效益。推进农村水电增效扩容改造实施和电气化县建设，科学、合理发展转型升级。

六、小水电退出与转型升级建议

按照水利部打造民生、平安、绿色、和谐水电新要求和我省实际情况，提出小水电转型升级新思路：

（1）做好加法，以河流为单元，继续实施水电站增效扩容改造。

（2）做好减法，建立退出机制，有序退出对河道生态有严重影响的老旧水电站。

（3）做好乘法，引导水电站参与脱贫攻坚和精准扶贫。

（4）做好除法，强化安全监管，消除安全隐患，实现社会得生态、河流得健康、百姓得实惠、电站得效益，一举多得的发展途径。

由此建议如下。

（一）标准化管理

水电站标准化管理主要涉及人员配备及培训、安全生产管理、设备管理、技术管理、经营管理、文明生产及贯彻实施的整个过程。

水电站实行标准化管理，管理指标细化量化，使不同装机容量水电站之间的管理具有横向可比性，使水电站管理工作有规可依，有章可循，有利于政策实行和营造竞争环境，确保水电站本身安全，提高经济效益和社会效益，促进文明生产，提高水电站管理水平，使水电站生产秩序得到明显改观，水库工程管理单位经营管理进入良性循环。

（二）科学化管理

引入第三方监督机制，强制施行奖惩制度，使水电站管理科学化。建立中控室，实行统一运行和统一调度，提升水电站综合自动化水平，实现无人值班（少人值守）和专业化管理，全面提升行业监管力度，推进农村水电站安全生产标准化。与此同时，要求水电站遵行“电调服从水调”的原则。

（三）一河一策，一站一策

同一河流制定对应政策；加大执法力度，针对性解决问题，及时消除隐患，强化河道管理措施。“一河一策”不是应急之策，而是长效之策；不仅是治理河道之策，还是治理岸上之策。根据单一水电站安全隐患、发电效益和水生态影响等多方面特点，制定相关“退、转、限”政策，且要求服从统一安排与调度。

（四）健全退出机制

当小水电无法正常运营、盈利或不能达到上级部门要求时，鼓励水电站自愿自然淘汰。

根据各水电站装机、发电量、利润等经济效益因素及生态、社会效益因素，结合评估结果，综合确定补偿方案，主要包括：

（1）全退和转型水电站的价格补偿。

（2）转型升级水电站的绿色电价补偿。

（五）提倡生态电价

基于福建省小水电平均上网电价（均价为 0.3105 元 /kW・h）远低于火电上网电价（脱硫电价为 0.4752 元 /kW・h），倡导水电站上网电价趋近于火电站上网电价是极为合理的。

提倡考虑生态因素的上网电价（亦称“生态电价”），以生态和安全为着力点，有助于提高水电站经济效益，确保小水电站下泄生态流量，恢复河道生态水环境。

以此为契机，积极探索生态补偿机制和健全退出机制。

（六）做好后续配套工作

退出方案应深入调研，综合各方意愿，采用因地制宜的补偿方案，保证退出的顺利实施。补偿方案可采用评估法或单位千瓦补偿法等，需获得涉及水电站认可。

涉及退出的水电站，邀请专业评估机构逐个实地评估，评估结论作为水电站退出补偿的重要参考依据。

退出水电站功能和业主转化后，水利、物价、环保等部门应尽快接收已移交资产，配套后续建设、管理措施，以保证退出后水功能效益的产出。

第三节　新疆塔里木河生态补水

生态补水是保障和改善河湖水生态水环境的重要手段之一。20 世纪 70 年代以来，随着上游来水量减少和干流上中游用水量增加，塔里木河下游来水量锐减，基本无下泄水量，造成下游河湖萎缩，流域重点胡杨林区生态严重退化。2000 年以来，塔里木河流域管理局（简称“塔管局”）先后组织实施了 18 次下游生态补水，累计下泄生态水量达到 68.8 亿 m^3，下游河道两岸地下水位显著回升，显著改善了下游区域的生态环境。

一、科学制定水量分配及调度方案

根据塔里木河流域综合规划，塔管局组织编制了《塔里木河流域“四源一

干”地表水水量分配方案》《塔里木河流域“四源一干”水量调度方案》，确定了不同来水情况下阿克苏河、和田河、叶尔羌河、开都—孔雀河及塔里木河干流来水与泄水控制断面区间的耗水量和关键控制断面下泄水量。

按照年计划、月调节、旬调度的方式，确定了不同来水保证率下的断面分水指标，确保干流阿拉尔多多年平均下泄水量达到 46.5 亿 m^3，大西海子下泄生态水量为 3.5 亿 m^3，使水流到达台特玛湖。

《新疆维吾尔自治区塔里木河流域水资源管理条例》《塔里木河流域水资源统一调度管理办法》等进一步强化了流域水资源管理、生态水量调度的法律地位，确保了生态补水的组织实施与执行效果。

截至 2017 年，尾闾台特玛湖已形成了 511 km^2 的湖面和湿地，基本结束了下游河道连续干涸近 30 年的历史。

加强来水预测，按照“丰增枯减”的原则，及时调整年度限额和供水计划，下达调度指令；严格按计划供水，以旬促月、以月促年，确保控制用水总量。强化监督管理，实时跟踪分析，同时组成水量调度督查组，对水量调度指令执行、胡杨林生态区水事治理和输水专项行动实施情况进行监督检查，采用水资源管理信息化系统，实行水情远程监测和监视，结合水情变化，调整输水方案，有效缓解经济社会发展用水与生态用水矛盾。加强内部精细化管理，实行断面下泄水量考核。

截至 2018 年 9 月底，阿克苏河、叶尔羌河、塔河干流、大西海子水库均完成下泄任务，在保证源干流生产、生活用水的情况下，阿克苏河比计划指标多下泄 0.69 亿 m^3，叶尔羌河比计划指标多下泄 1.48 亿 m^3，大西海子水库比计划指标多下泄 2.3 亿 m^3。

二、构建流域水资源“决策—执行—监督”管理体制

为解决地区生态流量管理权限分散的问题，从自治区层面建立了塔里木河流域水利委员会、执行委员会及相关职能机构。

由自治区组织地方有关部门、新疆生产建设兵团、流域各州（地）、兵团师等部门共同协商决策流域水资源综合管理的重大问题，塔管局负责对流域内水资源进行统一调度管理。

三、不断强化流域水资源监督执法能力

在严格执行流域水量分配调度方案的基础上，通过完成 332 处水情自动监测

点和182处视频监测点建设，建立流域主要干流及重点支流水量调度中心，初步建设完成流域水资源调度管理信息系统平台，不断增强塔里木河流域水资源管理监控能力。

同时充分发挥地方政府积极性，以市县为单位，逐步形成与地方政府及各相关职能部门配合的水事纠纷处置联合执法，加大流域水政执法力度，打击流域内水事违法行为，保障流域水事秩序。

为维护正常的水事秩序，为生态补水保驾护航，加强与自治区水政监察总队、地方政府的沟通联系，开展联合执法、交叉执法，形成执法合力，严厉打击违法行为，保证了正常的水事秩序。

2016年7月28日，对未经河道主管部门批准，擅自在叶尔羌河下游开口取水的违法当事人进行了处罚，要求在规定的期限内恢复河道原状，并处以罚款。

在胡杨林生态补水水事专项行动中，塔管局积极开展河道清障专项工作，对管辖河道范围内的妨碍行洪和影响生态输水的障碍物、违章搭建、违章开采等进行了清理。

据统计，累计清除妨碍行洪和影响生态输水障碍物、构筑物39处，封堵跑水口15处；在汛前关闭采沙厂21家，依法取缔采沙厂22家，保证了河道行洪安全。

四、根据实际情况，重点实施区域生态输水

利用水情较好的有利时机，统筹全流域生活、生产、生态用水需求，在按计划满足经济发展用水，完成向塔河下游生态输水的前提下，塔管局启动流域胡杨林区生态输水工作。通过对巴楚、沙雅和轮台胡杨林区的生态补水，可有效改善单一沿河道输水状况，解决受水面积不足的局限。对拯救垂死的胡杨林植被，而改善林下生境，促进林下土壤种子库萌发、胡杨萌蘖更新和植被群落结构的改善具有重要的作用。使孔雀河下游260 km河道断流15年后重新通水。据中国科学院新疆生态与地理研究所监测，初步统计此次应急补水通过河道引水漫灌，抬升地下水位等影响，灌溉胡杨林约79.5万亩。孔雀河补水区地下水位得到了良好的补给，距河道100 m范围内的地下水位抬升了4 ~ 5 m，距河道300 m位置的地下水位普遍抬升了1 m左右。生态输水还有效改善诸如黑鹳、苍鹭等珍稀野生保护动物的栖息生境，增加并改善塔里木河流域生物多样性和生态系统结构的稳定性。此次应急补水引起了社会各界广泛关注，获得了社会上一致好评与点赞。

五、摸底调查机电井，强化地下水管理

在孔雀河流域沿河打井无序，开采地下水，实际上是间接取用河道地表水导致河道水量损耗大幅增加，侵占了胡杨林生态用水，严重危害重点胡杨林保护区生态输水工作。为加强对塔河流域河道沿河机电井的管理，严格地下水管理和保护，强化水资源统一调度，开展了河道管理范围以外 1 km 以内的机电井摸底调查，并协助当地政府和水行政主管部门，对塔管局管理范围以外的机电井进行调查、定位，核实现有机电井基本情况。据初步调查统计，塔里木河干流及主要源流河道管理范围以外 1 km 以内的共有机电井 4283 眼，其中，塔河干流 2629 眼、开孔河 400 眼、叶尔羌河 1087 眼、阿克苏河 134 眼、和田河 36 眼。

六、强化河道巡察，保障输水畅通

按照《新疆维吾尔自治区河道管理条例》《塔里木河流域水资源管理条例》等有关规定，塔管局加强河道巡查力度，采取经常巡查、定期巡查、不定期巡查和联合巡查等方式，对管辖河道进行巡查[①]。通过检查，及时反馈存在问题，并要求严格按照《实施方案》开展各类河道巡查工作，及时下发《关于进一步落实河道管理工作的通知》。2018 年，全流域水政监察人员共计开展河道巡查 923 次，累计巡查河道长度 7184 km，对发现阻碍水流河道进行清障，保障输水通道顺畅。

随着我国国民经济的不断发展，对生态环境建设的要求也越来越高，人们对河道治理和生态修复等问题也越来越关注。当前，当地政府和公众已经充分认识到对下游进行生态修复的重要性，并积极采取措施进行了生态修复，为建设生态中国作出了良好的示范。

第四节　“引察济向”应急补水

应急补水是有效解决干旱缺水等特殊状况下河湖生态需水的主要途径。

2004 年和 2011 年，吉林省西部出现严重干旱，向海湿地面积急剧缩小，土地沙化和盐碱化日趋严重，大批候鸟无栖身之地，湿地生态系统遭到严重破坏。

① 何志刚.孔雀河下游生态输水现状及修复对策探析[J].陕西水利，2019(09)：39-40.

国家防总、水利部应吉林省的请求，组织松花江防总和内蒙古、吉林两省区分别于2004年和2011年实施了两次“引察济向”应急生态补水。

通过补水，向海湿地核心区干涸状况得到很大程度的缓解，地下水位明显回升，湿地内植被及动物得到有效保护，明显改善了湿地及其周边生态环境。

一、应急补水必要性

2004年向海湿地出现严重干旱，为维护湿地正常功能，水利部授权松辽委组织实施从察尔森水库向向海湿地应急补水，遏制湿地萎缩，通过应急补水，向海湿地有水水面增加到90多平方公里，有效缓解了湿地严重的缺水状况，改善了动植物的生存条件，取得了良好的生态环境效益、经济效益和社会效益。

近些年来，向海湿地供水水源洮儿河、霍林河与额木特河连续干旱，造成湿地严重萎缩，生态环境逐渐恶化，泡沼干枯，草地退化，禽类、动物类数量减少，许多珍稀野生动植物面临灭绝。

湿地面积由360平方公里锐减到36平方公里，芦苇、蒲草等主要湿地植物急剧退化，土壤沙化和盐碱化日趋严重，大批候鸟无栖息之地。

截止到2011年5月31日，湿地内最大的湖泡，同时也是湿地水源储备库——向海水库蓄水位只有163.84 m（死水位164.5 m），相应库容4380万m^3，为总库容2.1亿m^3的20.8%，处于严重缺水状况。

为避免湿地进一步萎缩，挽救鹤类等动植物赖以生存的湿地生态环境，恢复湿地生物多样性，对向海湿地采取生态应急补水是十分必要的。

二、科学分析应急补水的可行性

松花江防总在制定生态补水实施方案之前，对察尔森水库现有水量及来水量进行了深入分析，确定其可调水量为5780万m^3。

同时，还对现有引水沟渠等基础设施进行了评估，提前确定了沟渠过水能力可以满足应急补水的要求。

经与利益相关方沟通协商，科学确定了应急补水线路，起点为内蒙古自治区科右前旗察尔森水库，通过洮儿河河道至吉林省洮南县瓦房镇龙华吐分洪闸，经引洮干渠至通榆县向海水库。

三、科学制定应急补水实施方案

根据应急补水可行性分析和参与补水各方的协商结果，将察尔森水库断面和镇西水文站断面作为应急补水总量监控断面，察尔森水库放水总量控制在5530

万 m^3，镇西断面过水总量控制在 7690 万 m^3。

两者中有一个达到控制目标即停止补水；应急补水期间，若霍林河流域发生较大洪水，有洪水进入向海湿地，旱情得到较大缓解，则停止补水。

为缓解向海湿地缺水之急，应吉林省政府请求，按照水利部部署，松辽委积极组织实施“引察济向”生态应急补水，及时制定了《引察济向生态应急补水实施方案》。

（一）补水线路

补水线路仍沿用 2004 年引察济向生态应急补水的补水线路。线路全长 192 km。其中从察尔森水库至龙华吐分洪闸河道长 87 km，龙华吐分洪闸至向海水库渠道长 105 km。

（二）应急补水方案

补水设计进入向海水库水量 5000 万 m^3（方案一）、4000 万 m^3（方案二）、3000 万 m^3（方案三）三个方案。

经测算，三个方案都可不同程度地缓解向海自然保护区的缺水危机，综合考虑察尔森水库可调水量和缓解向海湿地核心区的缺水程度等因素，应急补水推荐选择方案二，即向海水库入库水量 4000 万 m^3，察尔森水库放水 5530 万 m^3，可增加向海水库蓄水量 2000 万 m^3，相应增加库面面积 6.45 m^2；供给鹤类核心区水量 2000 万 m^3，可增加鹤类核心区水面面积 66.7 m^2。

以察尔森水库和镇西水文站为向海湿地应急补水控制断面，察尔森水库放水总量控制在 5530 万 m^3，镇西断面过水总量控制在 7690 万 m^3。两者中有一个达到控制目标时，即停止补水。

（三）补水方案实施

（1）6 月 17 日，松花江防汛抗旱总指挥部发布“引察济向”生态应急补水调度令。

（2）6 月 19 日 8 时，松辽委察尔森水库开闸放流，湍急的水流沿着洮儿河流向向海湿地。

（3）6 月 27 日 6 时，向海水库开始进水。

（4）7 月 8 日，向海水库水位达到 164 m，开始向核心区供水。

（5）7 月 15 日，镇西断面监测过水总量已经达到 7690 万 m^3，应急补水达到预定指标，供水停止。

四、补水实施方案改进

应急补水的实施，缓解了向海自然保护区泡沼萎缩、湿地干涸的现象，抑制了向海湿地自然环境的恶化趋势，维系了湿地的生态功能，对于今后湿地的休养生息起着重要作用。

综合应急补水的实践，向海湿地的保护笔者认为还可以从以下几个方面进行改进。

（一）研究确定合理的调度原则

为保证补水工作的顺利开展，应加强补水工作的监督管理。如成立应急补水监督管理机构，加强工作协商机制和制定监督管理制度等的制度建设，成立补水巡查队伍，增加必要的补水监控设施设备；由于补水给察尔森水库造成一定损失，应给予适当补偿，从而使这种具有巨大社会生态效益的活动开展下去①。

（二）确定湿地长效的补水措施

向海湿地的区域气候条件、地理特性以及所在流域的河流特点和资源开发利用状况，决定了向海湿地今后仍会长期面临水资源短缺的状况。

2004 年应急补水和本次应急补水是在向海湿地严重干旱情况下进行的抢救性保护措施，不能彻底解决向海湿地干旱缺水的问题。

对于向海水库的补水应建立长效机制，根据向海湿地的实际情况，结合流域水资源开发利用现状，确定湿地长效的补水措施。

（三）嫩江作为补水水源的工程条件需要进一步论证

两次应急补水均将内蒙古自治区的察尔森水库作为向海应急补水的补水水源，主要考虑的是引洮工程所具备的补水工程条件，但是从水资源角度考虑，察尔森水库位于洮儿河流域，洮儿河流域近几年来严重干旱，降水场次少，且降雨强度不大，致使察尔森水库多年来蓄水严重不足，为向海湿地应急补水前水库蓄水量仅有 3.01 亿 m^3。

同时，察尔森水库还承担着下游内蒙古、吉林两省灌区每年 4 亿 m^3 水量的灌溉任务，可见从水资源角度来看，察尔森水库作为向海湿地应急补水的水源只能是权宜之计，不可作为长效机制来执行。

笔者从水资源丰富角度考虑嫩江作为补水水源具有可行性，但工程条件需要进一步论证。

① 何志刚.孔雀河下游生态输水现状及修复对策探析[J].陕西水利，2019(09)：39-40.

（四）建立一个统一管理的机制

向海湿地的管理体制还需要进一步理顺。目前向海国家级自然保护区管理体制为吉林省林业部门和通榆县双重管理，以省林业部门为主，整体上划归省林业厅管理，作为省林业厅直属事业单位。

而位于保护区内的向海水库管理局，则归白城市通榆县水利局管理，向海水库库区范围涵盖了保护区内白鹳、大鸨、黄榆三个核心区，鹤类核心区则位于向海水库一场闸的供水范围，需要向海水库水位高于 164 m 时才能从一场闸放水到鹤类核心区。

在这种水利部门和林业部门双重管理的体制下，就会出现职能交叉、权责不清的现象，因此建议进一步理顺目前向海湿地的管理体制，建立一个统一管理的机制，更好地保护向海湿地。

第五节　国外典型河流生态流量管理

一、概述

河流筑坝、土地利用变化、气候变化以及水资源不合理开发加剧了用水冲突，导致自然流动的河流越来越少。

研究表明，水资源不合理开发导致全球 1/3 的河流生态系统退化，水资源短缺影响了全球 1/2 的人口和 3/4 的耕地。水资源不合理开发导致的水文情势变化，引起河流生态系统结构与功能的变化，甚至严重退化。

为保护水生态系统，有必要在水资源开发利用的同时，确定维持河流生态健康的基本水文条件，联合国在 2015 年通过的《2030 年可持续发展议程》，将实施生态流量作为实现可持续发展目标的重要措施之一。

中国自 20 世纪 70 年代开始探索研究生态流量，已有 40 多年的历史，最初是对国外理论方法体系的引进与应用，经过持续的研究与实践，基本建立了适用于中国河流特征的生态流量研究方法和管理框架。

尽管生态流量研究与实践开展较早，但由于生态流量涉及目标和内容较多，直到 2007 年在澳大利亚布里斯班召开了“世界环境流量大会”，才形成环境流量

（environmental f lows，e-f lows）的统一认识，并在《布里斯班宣言》中明确了环境流量的定义和内涵。

虽然中国许多管理规定使用“生态流量”（ecological f low），但其内涵基本与环境流量一致，制定生态流量标准的目的，在于协调水资源的社会经济价值与生态价值之间的平衡，自 2006 年《水电水利建设项目河道生态用水、低温水和过鱼设施环境影响评价技术指南（试行）》发布以来，经过 10 余年的管理实践，在水利水电工程建设项目环境影响评价和规划环境影响评价的管理过程中，不断加强对生态流量的要求，从要求最小生态流量扩展到要求满足以鱼类为主的水生生物完成其生活史的流量过程，并不断强化了工程层面和流域层面的生态流量监管。

在河流生态流量保障方面，无论是发达国家还是发展中国家，都开展了较多的探索，积累了一定的经验。

与国外相比，中国河流生态流量管理实践还存在一些不足：

（1）在流域生态流量监管方面，已有的管理规定尚不能适应河流开发的快速发展格局，不同流域、区域的生态流量保障措施存在不均衡现象。

（2）在工程下泄生态流量监管方面，生态流量泄放措施、远程测报设施、监督技术手段等还存在一些技术短板，未能有效保障生态流量的实施，造成河流断流、水污染、水生态退化等问题。

随着“十二五”和“十三五”期间大量水利水电工程的建设和运行，众多河流已经形成了梯级水库群的格局，未来生态流量关注的重点将从单一工程坝下减脱水河段的生态流量要求，转向梯级水库群联合调控下的流域干支流生态流量保障。

此外，随着“最严格水资源管理制度”“河长制”“湖长制”等政策的实施，未来中国将逐渐形成多部门联合管理生态流量的新格局，在现有研究基础上，完善生态流量多部门协调管理的机制研究，需要借鉴国外典型河流的成功经验，指导中国的管理实践工作。

因此以下选取了国外 7 条典型河流，涵盖了世界上主要大洲和生态流量实施效果较好的国家，通过分析典型河流生态流量实施过程、问题和效果，梳理了主要经验与不足，总结了典型河流实施生态流量的共性经验，可为中国的河流生态流量管理实践提供参考。

二、典型河流基本情况

典型河流所在国家包括美国、英国等发达国家和印度、巴基斯坦等发展中国

家，7 条河流分别为美国的萨瓦纳河、澳大利亚的墨累—达令河、英国的肯尼特河、南非的鳄鱼河、墨西哥的圣佩德罗河、巴基斯坦的蓬奇河和印度的恒河。

这些河流的生态流量实践基本都是不断改善的过程，即最初并未充分考虑生态流量问题，随着社会、经济、生态的用水矛盾不断激化，不断考虑水资源优化配置和生态流量要求，部分国家还通过生态流量的适应性管理措施不断改善生态流量过程。

三、生态流量实施过程

（一）萨瓦纳河

1. 背景

萨瓦纳河分布有 100 多种鱼类，其中有 2 种国家级珍稀濒危保护鱼类，分别为短吻鲟和大西洋鲟。

河流筑坝后，水文情势发生变化，出现了河流水质下降、河漫滩湿地消失、洄游性鱼类减少、河口咸水入侵等问题。

为减缓筑坝的生态环境影响，大自然保护协会（TNC，The Nature Conservancy）和美国陆军工程兵团（USACE，United States Army Corps of Engineers）于 2002 年联合开展了可持续河流计划（SRP，Sustainable River Plan），以包括萨瓦纳河在内的 8 条河流为试点，评估水资源管理效果和生态需水满足程度，2003 年完成了萨瓦纳河的生态流量管理方案并开始实施。

2. 实施

由于缺乏历史监测资料，2003—2006 年，萨瓦纳河连续 4 年开展了试验性调度，通过萨瓦纳河上游的哈特韦尔水库（Hartwell Dam）、拉塞尔水库（Russell Dam）和瑟蒙德水库（Thurmond Dam）联合调度，不断调整下泄生态流量，并对水质、水生生物等指标开展泄流效果监测。

监测结果表明：试验性调度的效果并不明显，短吻鲟并没有洄游到上游的栖息地，但是调度对河口压咸有一定效果。随后，每年萨瓦纳河都开展生态调度，进一步研究表明，水温是短吻鲟产卵洄游的主要驱动因素。

3. 结果

通过萨凡纳河的生态流量适应性管理，确定了春季持续的洪水脉冲可改善河流水位、促进鱼类通过闸坝，同时强调在生态流量实施过程中，应当注重水质和水量并重。

（二）墨累—达令河

1. 背景

墨累—达令河流域整体的水资源状况及其开发利用程度与中国十分相似，都具有水资源短缺、竞争性用水矛盾突出、农业用水比例较大的特点。流域内修建了 90 多座大型水库，总库容为 295 亿 m^3，每年灌溉用水量 100 亿 m^3 左右，占用水总量的 96%。

流域内有 3 万多个湿地，其中 11 个被列入《拉姆萨尔公约》（Convention on Wetlands of Importance Especially as Waterfowl Habitat），是澳大利亚生物多样性最丰富的区域。

由于流域水污染、水生态退化问题比较突出，造成湿地不同程度的退化，为遏制流域生态系统的退化趋势，政府开始研究和实施可持续的水量分配政策。

2. 实施

墨累—达令河流域过去一直由流域所在各州政府管理，实施高度自治的水管理政策。

20 世纪 90 年代，流域管理委员会开展了实施生态调度的探索性研究，经过大约 10 年的研究实践，确定了实施生态调度的可行性方法[①]。

2002 年，澳大利亚政府和流域 4 个州共同启动了墨累河生命行动计划，目的是恢复河流生态系统健康。

同时，政府还要求墨累—达令河流域委员会建立水市场，逐年实现节水目标从而改善生态环境。

2007 年，澳大利亚政府颁布了《水法》（Water Act 2007），成立墨累—达令河流域管理局（MDBA，Murray–Darling Basin Authority）取代了流域管理委员会的职责，专门负责制定和实施“墨累—达令河流域规划”。

规划主要有 3 大目标：

（1）保护和恢复流域水生态系统。

（2）保护和恢复河流生态系统服务功能。

（3）提高抗风险能力。

规划的核心是在流域和子流域根据不同用水目标设定用水限额，保障生态环境用水。

① D.康奈尔，邬全丰，山松.墨累—达令流域的水改革和联邦体制[J].水利水电快报，2012，33(9)：1–4.

根据流域综合规划和流域生态环境战略规划，每年都要制定用水方案，根据来水条件的不同，适应性的分配水资源。流域初始设定的生态环境用水量为2750 GL/ 年，后来提高到3200 GL/ 年，主要生态保护目标是保障河流连通性、原生植被、水鸟和鱼类。

3. 结果

《水法》保障了整个流域的生态环境用水管理机制，允许水权交易提高了水资源配置的灵活性，也实现了一定的环境效益和经济效益。

（三）肯尼特河

1. 背景

英国肯尼特河是泰晤士河最大的支流之一，河流上游生物多样性丰富，主要优势物种为水田鼠、水毛茛、欧洲七鳃鳗和褐鳟。肯尼特河的地下水水源补给方式以降雨补给为主，地下水开采后的恢复较慢。

英国环境署（EA，Environment Agency）和泰晤士水务公司（Thames Water）研究表明，丰水期抽取地下水可以满足河流生态流量要求，枯水期抽取地下水可使肯尼特河地表径流量减少 35%，难以维持河流生态流量，影响水毛茛的生长。

2. 实施

1990 年，为保护肯尼特河的生态系统健康，当地成立了非政府组织——肯尼特河行动小组（ARK，Action for the River Kennet），并于 1996 年促成建立了肯尼特河取水许可制度，由环境署颁发取水许可证并负责监管。

肯尼特河行动小组持续关注地下水抽取对河流生态环境的影响，促使环境署和泰晤士水务公司开展了肯尼特河生态水文响应关系的深入研究。

2000 年，欧盟“水框架指令”（WFD，Water Framework Directive）要求所有成员国的河流都应达到“良好的生态状况”，促进了肯尼特河生态流量的实施。

英国环境署作为实施欧盟“水框架指令”的监管机构，负责开展河流生态系统监测，监测项目包括鱼类、无脊椎动物和水环境指标等。

2000—2005 年，英国环境署和泰晤士水务公司调查发现，肯尼特河地下水抽取导致夏季河流流量减少了 10%~14%，枯水期减少了 35%~40%，急需减少对肯尼特河地下水的进一步抽取。

2005—2010 年，英国环境署和泰晤士水务公司共同合作寻找肯尼特河地下水抽取的替代方案，经过详细研究后决定，在肯尼特河枯水期，不再抽取肯尼特河地下水，而由临近的法摩尔（Farmoor）水库向斯温登南部供水。

3. 结果

肯尼特河生态流量的实施，保障了枯水期的生态流量，是多个利益相关方共同合作协商的结果，对于协调各利益相关方关系、长效实施生态流量、保障肯尼特河的生态系统健康具有重要作用。

（四）鳄鱼河

1. 背景

鳄鱼河位于南非克鲁格国家公园（KNP，Kruger National Park）上游，是南非、斯威士兰和莫桑比克跨界河流中开发度最高的河流之一，同时也是该流域缺水最严重的地区。

河流上游的奎纳大坝（Kwena Dam）是该河唯一的大坝，对调节生态流量和灌溉用水具有重要作用。

流域主要用水目标为农业灌溉和城市生活用水，水资源压力较大，河流管理必须考虑保障流入莫桑比克的流量和对克鲁格国家公园的保护，随着上游用水量的增加，下游包括国家公园在内的大部分地区旱情频发，用水冲突加剧。

2. 实施

由于鳄鱼河生态环境退化，南非水利部早在 20 世纪 80 年代就开始研究更好的水资源管理方案，并于 1998 年出台了“国家水法”，规定必须将一定数量和质量的水用于维持水生生态系统。

“国家水法”的实施促成设立新的资源管理部门，负责处理水资源管理的新问题。

2006 年，通过设立因科马蒂河—阿玛祖鲁流域管理局（IUCMA，Inkomati Usuthu Catchment Management Agency），负责实施根据“国家水法”制定的生态流量。

水利部将水资源管理工作下放给流域管理局，同时根据流域管理局的建议制定用水许可。

流域管理局负责监测评价鳄鱼河 6 个断面的生态流量满足程度，每 3 年进行一次河流健康监测，监测项目包括鱼类、无脊椎动物和河岸带生态环境。

鳄鱼河生态流量实施最初是基于 BBM 法进行评估，后来逐渐发展了 DRIFT 法和栖息地流量—压力—响应法。

流域管理局在 2009 年制定“流域管理战略”时，认为需要在鳄鱼河建立水管理框架，确定了河流的 3 大目标，包括水资源综合适应性管理、改善水质和水质监测、改善社会用水不平衡问题。同时，由于莫桑比克政府施压，最终达成了一项关于生态流量的协定。

3. 结果

鳄鱼河生态流量的成功实施，缓解了下游多个用水目标的冲突，改善了克鲁格国家公园的生态环境退化，同时南非和莫桑比克的协议，改善了河流的水量分配矛盾。

（五）圣佩德罗河

1. 背景

圣佩德罗河是世界上少有的未建大坝和其他阻隔的河流，河流下游是墨西哥最大的湿地红树林生物圈保护区（Marismas Nacionales Biosphere Reserve），也是《拉姆萨尔公约》的国际重要湿地。

由于计划在河流上修建拉斯克鲁塞斯大坝（Las Cruces Dam）引起各界的广泛关注，不同利益相关方共同评估大坝建设运行可能产生的影响，下游湿地的生态用水需求是关注重点。

2. 实施

2007 年，国家水利委员会确定了生态流量实施的技术方法和程序，首先采用自然流态范式和生物梯度的方法确定生态流量，通过颁发用水许可证指导未来水利基础设施建设。

2011 年，国家水利委员会根据“水法”的规定，确定了 189 个生物多样性丰富、保护价值较高、可用水资源量丰富和用水竞争较小的流域，作为水资源保护区。

2012 年，通过美洲开发银行（IDB，Interamerican Development Bank）资助，墨西哥开始编制并实施全国水资源保护计划（NWRP，National Water Reserves Programme），旨在建立国家水资源储备体系、保障流域水循环及其提供的生态系统服务功能、建立一个综合的全国水生态保护体系，通过规定生态流量的阈值和配置方案，在全国范围内实施生态流量。

圣佩德罗河是最初的 6 个试点之一，通过生态流量的成本效益分析，确定了年径流量的 80% 用于保障湿地生态用水。

2014 年 9 月 15 日，墨西哥总统签署了第一个水资源储备法令，涵盖了圣佩德罗河在内的 11 个流域，明确了各流域的生产、生活和生态用水量。

2016 年，国家水利委员会在最初 189 个流域的基础上，又增加了 167 个保护区，墨西哥的水资源保护区总数达到了 356 个。

3. 结果

拉斯克鲁塞斯大坝的建设提议引起了多个利益相关方的关注，促成了在环境水资源储备法令中规定各流域的生态用水量。

（六）蓬奇河

1. 背景

蓬奇河为杰赫勒姆河左岸支流，发源于比尔本贾尔岭西侧丘陵，穿过蓬奇河印度鲃国家公园（Poonch River Mahaseer National Park），最终流入曼格拉水库。

蓬奇河径流补给主要为融雪和降雨，径流主要集中在夏季，鱼类多样性丰富，包括 2 种珍稀濒危保护鱼类。

曼格拉大坝上游 50 km 规划的古尔普尔水电站（Gulpur HPP，Gulpur Hydropower Project）位于国家公园内，由于环境和社会影响评估（ESIA，Environmental and Social Impact Assessment）和项目审批过程缺乏生态流量的评估内容与国际投资机构的参与，因此国际机构要求考虑生态流量并重新评估其环境影响，以减缓对国家公园和印度鲃和克什米尔鲶鱼珍稀濒危保护鱼类及其重要栖息地的影响等。

2. 实施

亚洲开发银行（ADB，Asian Development Bank）和国际金融公司（IFC，International Finance Commission）的环境保护法规非常严格，要求古尔普尔水电站进行生态流量评估。

通过多个利益相关方的参与，项目开发商与咨询公司最终采用 DRIFT 法评估生态流量，同时优化了项目设计，包括：（1）缩短导流距离，从 6 km 减少为不到 1 km，确定了最小下泄生态流量为 4 m^3/s；（2）将设计水轮机变更为转桨式水轮机，可提高低流量条件下运行的灵活性。此外，还设计了一定的生态补偿措施，制定生物多样性行动计划，为国家公园的生态系统保护提供了资金保障，包括为野生动植物保护服务提供永久性基金，销售该项目产生的电力实施“生物多样性行动计划”，建立鱼类增殖放流站保护下游河段鱼类的物种多样性。

3. 结果

国际投资机构严格的环境标准，在发展中国家的资源可持续开发方面发挥了关键作用。

国际金融公司和亚洲开发银行严格的环境标准是古尔普尔水电站项目重新评估和环境保护措施设计变更的主要因素。评价结果认为，古尔普尔水电站是促进

该地区生态可持续发展的项目，为该地区未来水电开发奠定了基础。

（七）恒河

1. 背景

恒河起源于喜马拉雅山中部的印度北甘戈特里冰川，注入孟加拉湾，河长2500 km，流域面积约100万km^2。

恒河生态系统健康状况在过去几十年持续退化，急需恢复河流水生态系统，以维持流域社会、经济和生态的可持续发展。

由于恒河流经尼泊尔、印度、中国和孟加拉国，4个国家都受到国际公约对生态流量的约束。

恒河流域的农业灌溉用水和文化用水意义重大，印度和孟加拉国的农业灌溉取水导致恒河上游部分地区流量偏低。

同时，恒河的圣水沐浴节“大壶节”（Kumbh Mela）是印度教每12年一次的重要活动，也是世界上参加人数最多的节日之一，具有巨大的社会文化意义。

为保障该活动顺利进行，印度政府要求严格保障恒河的水位和流量。

2. 实施

印度北方邦灌溉和水资源部门（UPI & WRD，Uttar Pradesh Irrigation and Water Resource Department）具有管理北方邦内的河流、维持灌溉系统、管理社会文化活动用水等任务。

2013年，大壶节活动吸引了8000多万人，为保障活动顺利开展，北方邦政府联合流域利益相关方于2012年基于BBM法共同评估了生态流量，评估结果促进了对生态流量多学科交叉研究的思考，评估确定了在大壶节活动期间推荐的生态流量为225 m^3/s，相当于安拉阿巴德（Allahabad）1.2 m的岸边水深，在特殊的沐浴日期为310 m^3/s，相当于1.5 m的岸边水深。活动期间需通过特赫里水库（Tehri Dam）泄放生态流量，满足活动用水。同时，通过下游灌溉引水渠的改造，避免灌溉用水和活动用水的竞争。

3. 结果

恒河的生态流量强调社会文化功能用水，在实施过程中通过激励利益相关方（政府、用户、发电企业、非政府组织）的共同合作，保障了生态流量的成功实施。

四、实施效果

7条河流生态流量实施的背景和过程虽然存在差异，但基本上都是通过流域水工程调控优化生态流量过程，保障河流生态系统健康。

总体来看，生态流量的实施效果较好，基本达到甚至超出了计划的目标。

在具体实施效果方面，萨瓦纳河和圣佩德罗河通过实施生态流量，推动和促进了国家生态流量相关保护计划的实施。

（1）萨瓦纳河的生态流量实施扩大了国家可持续河流计划的规模，将实施生态流量的河流和工程数量提高到14条河流和60多个大坝。

（2）圣佩德罗河的生态流量实施促进全国水资源保护计划目标被纳入了国家发展计划和国家应对气候变化计划中。

（3）墨累—达令河、鳄鱼河通过实施生态流量促进了流域整体健康水平的提高，在推动流域生态环境监测方面也有一定效果。

（4）肯尼特河和蓬奇河通过实施生态流量促进了流域生态系统恢复。

（5）蓬奇河的生态流量实施对工程设计优化和改进具有一定效果。

（6）恒河通过实施生态流量保障了大壶节活动期间的用水量和水位，是少有的考虑生态流量社会文化功能的案例，对于重新认识生态流量理论方法具有重要作用。

五、生态流量实施经验

（一）成功经验及问题

7条典型河流的生态流量成功经验可为中国提供一些参考，但是其在研究、管理和实践等方面还存在一些问题和不足，需要进一步完善。核心的成功经验包括：

（1）萨瓦纳河通过生态流量改善了水资源管理，促进了联邦机构、国际非政府组织的合作，建立了州和地方的利益相关方实施生态流量的适应性管理方式。

（2）墨累—达令河采取立法变革把土地和水权分开；提前建立水资源分配上限。肯尼特河通过监管机构与水务公司合作恢复生态流量；利用可靠的数据资料，研究针对性的解决方案。

（3）鳄鱼河通过各利益相关方合作建立生态流量保护指导方针；共同开发长期战略合作，以确保可持续发展，应对气候变化的影响。

（4）圣佩德罗河在生态流量确定和实施的过程中，通过多个利益相关方参与流量评估及改善，由水利部门确定具体流量。

（5）蓬奇河利用国际资助机构在发展中国家可持续资源开发中的关键作用，制定严格的环境标准。

完善法律框架是维护生态流量的重要保障。基于健全的技术和综合的、全面的生态流量评估方法，评估不同发展模式对环境的影响，同时也允许对社会、文化和经济因素进行评估，在规划阶段综合考虑环境、社会和经济因素，确保在环境保护的基础上，通过开发者、监管者、资助机构等利益相关方之间的协作来实现综合效益最大化。

（6）恒河在短期内成功地实施生态流量控制在于合理利用重要社会文化事件激发不同利益相关方的关注，但是从长期来看，生态流量实施必须获得政府支持及利益相关方的认可。

7 条典型河流的生态流量实施仍待解决的问题和不足主要分为 3 种类型，包括生态流量实施的资金、生态流量实施的效果评估以及有效的生态流量管理[①]。

生态流量的实施是一个长期的过程，问题的解决也需要开展长期的适应性管理逐步解决。

生态流量实施的资金问题一般可通过建立生态补偿措施解决；建立工程下泄生态流量与下游保护目标的生态水文响应关系是评估生态流量实施效果的基础，但这方面目前仍处于研究阶段，无论是措施运行与初始设计目标的相符性，还是下泄生态流量的满足程度，都难以根本解决生态保护目标的用水需求，需要通过开展水库生态调度实践评估生态保护目标对水流变化的响应，适时优化生态流量泄放过程。

不同国家的水管理部门及其职责存在较大差异，目前较为统一的认识是建立流域综合管理的方式，例如建立流域综合管理局或建立各利益相关方的协商机制，相关管理机构以流域为对象进行综合管理，建立数据共享的生态环境监测体系，保障生态流量的实施。

（二）管理实践的启示

河流生态流量涉及研究、管理与实践等多项内容，需要政府部门、管理部门、水电企业、研究机构、非政府组织等多个利益相关方的共同参与。从 7 条典型河流的生态流量实施经验分析，中国可从以下几个方面完善生态流量的管理实践。

1. 政府部门

（1）制定明确的法律法规，为规范水资源的使用、分配和许可证等制定执行依据。

① 陈昂，薛耀东，魏娜，等.国外典型河流生态流量管理实践及启示[J].科技导报，2018，36(21).

明确生态流量是保护生态系统服务功能的前提，也是水工程规划设计和管理的核心内容。

（2）设定河流水资源利用红线和工程下泄生态流量约束红线，建立全国和流域生态环境保护规划。

（3）考虑河流生态流量实施的保障措施和资金支持，进一步完善保障生态流量的生态补偿措施，从类型多样、标准未统一的补偿措施，逐渐探索建立更加高效的补偿措施。

2. 管理部门

根据现有政策，分阶段、分区域、分类型地实施生态流量。尽可能全面考虑生态用水目标，针对不同流域和区域、同一河流不同河段的差异，设计切实可行的生态流量实施方案。对一些建设年代较早、未考虑生态流量的工程，通过以新带老的设备改造增加生态流量泄放设施，充分考虑生态流量设计保证率、生态流量保障的工程措施和非工程措施，结合可持续水电评价、绿色水电评价、环境影响后评价等，通过适应性管理适时优化生态流量泄放过程。

3. 水电企业

（1）加强生态流量适应性管理研究和管理的参与程度，加大生态流量研究的资金投入。

（2）适时开展环境影响后评价工作，以工程下游重要生态环境保护目标为对象，开展或委托开展下游水生生态系统监测。

（3）建立电站下泄流量过程与下游水生生态系统的响应关系，计算并确定优化下泄生态流量的发电损失及其生态效益，为优化生态补偿措施提供依据。

4. 研究机构

（1）在生态流量的概念、内涵中充分考虑多种生态要素与社会经济要素，研究通过实施生态流量实现可持续发展目标的方法。

（2）开展基于水文学、地理学、地貌学、生态学、社会学和经济学等多学科交叉的生态流量研究，探索生态流量与生态目标的等效关系，通过定量的水文变化与生态响应关系评估生态流量。

（3）开展生态流量监测设施的设计方法和数据收集、存储、管理和分析系统，提高生态流量监测效果。

5. 非政府组织

（1）推动不同国家采取具体措施和行动开展生态流量实践，借鉴生态流量成

功实施的先进经验，推动欠发达地区生态流量的实施和资金募集。

（2）推动国际专家在生态流量评估和实施中的参与程度，推动生态流量实施的适应性管理和生态监测网络建设。

（3）加强对工程下泄生态流量的监督作用，建立与政府、管理部门和研究机构的长效沟通及合作机制。

（4）加强环境保护宣传与教育，推动水电企业对环境保护基金投入和对生态流量的重视程度。

目前，中国生态流量的实施在工程层面已经不断完善，小水电改造的生态电价补偿逐渐提高了生态流量保障情况，但是流域层面的生态流量管理还未形成系统、具体的实施措施。

结合中国生态流量的实施情况，研究认为应加强政府部门在生态流量实施过程中的主导作用，建立水利部门主导的，生态环境、农村农业、能源等多个部门共同参与的生态流量管理机制。

“最严格的水资源管理制度”已确定了水资源开发利用控制红线，但生态流量约束红线未能随着生态环境保护要求的提高而提升，已不能满足当前管理实践的要求，未来在保障生态流量方面，应重点加强全国流域生态环境保护规划、生态流量的补偿措施等研究内容。

结束语

地球上物质、能量循环的基础是水循环，它对生态系统的结构与功能有深刻影响，良好的水生态环境是实现水资源可持续发展的重要条件之一。

首先，制定生态流量是为了明确河湖生态保护的目标和要求，管控水资源开发利用强度，在保障河湖生态流量的前提下优化水资源配置格局。河流生态流量是一个复杂的问题，其研究从单一流量目标研究开始，发展到综合流量管理，然后再到生态调度阶段和社会－生态系统可持续管理阶段，逐步从理论研究进入实践管理阶段。

其次，我国河湖生态流量管理仍处于起步阶段，河湖生态流量管理各项工作仍有待进一步完善。应充分理解河湖生态流量的核心问题是解决经济社会发展与生态环境保护之间的矛盾，不断提高对河湖生态流量保障的认识，进一步加强河湖生态流量管理体制机制、配套政策、技术标准、监管规范等工作。

再次，在开展生态流量确定工作时，应首先根据我国不同区域水资源条件、生态环境特点和水资源供需形势进行分区分类；再针对不同分区和不同类型河流的特征以及生态保护目标和经济社会用水需求，最终制定不同区域生态流量确定准则和标准。

最后，随着研究者们对生态流量研究的逐步深入，气候、水文、水力学、地形地貌、生物以及人类需求等方面的综合作用将成为影响河流生态流量研究及其管理不可或缺的要素。

日渐发展的生态流量理论和相关模型方法将为流域管理和生态系统维持提供高效的手段与技术。

总之，河湖健康的保持及恢复不仅关系到水资源的可持续利用，还关系到全省生态安全和经济社会的可持续发展。各级财政应加大对河湖生态健康保障的支持力度，优先对重点河湖实施生态保护与修复治理，推动建立河湖生态环境保护

和修复治理机制。积极推进重点河湖跨流域调水，形成长期、稳定、持续的调水工作机制，保障河湖生态水位和生态需水量。

由于时间仓促以及其他条件的限制，本书对河湖生态流量管理理论与实践的探究还有诸多不足。这些都是笔者将在未来一段时间努力加以补充的内容。

参考文献

[1] 段红东，段然. 关于生态流量的认识和思考[J]. 水利发展研究，2017，17(11)：1-4.

[2] 陈进，黄薇. 长江的生态流量问题[J]. 科技导报，2008，26(17)：31-35.

[3] 周世良. 浅谈“生态流量”[J]. 福建环境，2000(02)：2-3.

[4] 姜海萍，魏科技，陈春梅. 建立流域生态需水保障方案，维护珠江流域水生态安全[A]. 中国环境科学学会. 2013中国环境科学学会学术年会论文集（第六卷）[C]. 中国环境科学学会，2013：5.

[5] 杜保存. 基于RVA法的河流生态需水量研究[J]. 水利水电技术，2013，44(01)：27-30.

[6] 李法云，巴晓博，屠克豹，等. 辽宁省北部典型河流生态流量计算方法对比[J]. 气象与环境学报，2015，31(06)：168-174.

[7] 高华永，代兴兰. 黄泥河流域河道生态流量研究[J]. 人民珠江，2012，33(03)：42-44.

[8] 程建民，陈永娟. 内陆河流黑河生态环境需水量计算方法研究[J]. 水利规划与设计，2018(03)：29-32+125.

[9] 韩振华，王芳，韩宇平，等. 闽江流域山溪性河流生态需水量计算[J]. 南水北调与水利科技，2012，10(06)：42-46.

[10] 王洪杨，张卫军. 浅析河流治理与生态保护及修复[J]. 人民长江，2016，47(S1)：27-31.

[11] 李启家. 环境法领域利益冲突的识别与衡平[J]. 法学评论，2015，33(06)：134-140.

[12] 张丛林，乔海娟，王毅，等. 基于生态文明理念的水生态红线管控制度体系框架研究[J]. 中国水利，2015(11)：35-38.

[13] 落志筠. 生态流量的法律确认及其法律保障思路[J]. 中国人口・资源与环境，2018，28(11)：102-111.

[14] 李建华. 坚持科学治水全力保障水安全[N]. 人民日报，2014-06-24(007).

[15] 陈乃新. 经济法理论论纲：以剩余价值法权化为中心[M]. 北京：中国检察出版社，2003.

[16] 徐祥民，张峰. 质疑公民环境权[J]. 法学，2004(1)：68-74.

[17] 魏衍亮. 美国州法中的内径流水权及其优先权日问题[J]. 长江流域资源与环境，2001(4)：302-308.

[18] 郭文献，王艳芳，徐建新. 河流生境研究综述[J]. 华北水利水电大学学报(自然科学版)，2015，36(03)：21-23.

[19] 罗政. 水利工程生态与环境调度相关研究[J]. 河南水利与南水北调，2016(01)：11-12.

[20] 黄锦辉，赵蓉，史晓新，等. 河湖水系生态保护与修复对策[J]. 水利规划与设计，2018(04)：1-4+107.

[21] 高艳艳. 水利工程生态与环境调度初步探讨[J]. 山西水利，2016(04)：8+17.

[22] 王道席，张婕，杜得彦. 黑河生态水量调度实践[J]. 人民黄河，2016，38(10)：96-99.

[23] 孙靖康. 浅谈黄河泥沙治理[J]. 科技视界，2013(10)：199.

[24] 周承京. 黄河治沙措施[J]. 内蒙古水利，2011(06)：32-33.

[25] 谢志强，孙波. “压咸补淡”开创灾害管理新篇章[J]. 中国防汛抗旱，2008，18(05)：33-35.

[26] 陈庆秋. 珠江压咸补淡跨地区应急调水的政策探讨[J]. 中国给水排水，2006(02)：1-4.

[27] 李妍清，李中平，戴明龙，等. 2016'澜沧江梯级水库对湄公河应急补水效果分析[J]. 人民长江，2017，48(23)：56-60.

[28] 段红东，段然. 关于生态流量的认识和思考[J]. 水利发展研究，2017，17(11)：1-4.

[29] 张建永，王晓红，杨晴，等. 全国主要河湖生态需水保障对策研究[J]. 中国水利，2017(23)：8-11.

[30] 赵钟楠，魏开湄，李原园，等. 新时代河湖生态水量评价若干思考[J]. 中国水利，2018(13)：7-9.

[31] 张海滨，尹鑫，李伟. 我国河湖生态流量保障对策体系研究[J]. 水利经济，2019，37(04)：13-16+63+75.
[32] 王晓红，张建永，廖文根，等. 绿色水利水电工程规划建设中的生态流量保障措施研究[J]. 环境保护，2018(增刊1)：60-64.
[33] 董哲仁，张晶，赵进勇. 环境流理论进展述评[J]. 水利学报，2017，48(6)：70-77.
[34] 袁勇，赵钟楠，张海滨，等. 系统治理视角下河湖生态修复的总体框架与措施初探[J]. 中国水利，2018(8)：1-3.
[35] 赵伟华，汤显强，郭伟杰，等. 赤水河河长制水生态环境评估指标初探[J]. 长江技术经济，2019，3(01)：40-44.
[36] 吴琼，罗欢，杨芳，等. 贵州省赤水河干流健康评估指标体系研究及评价[J]. 水资源保护，2016，32(1).
[37] 廖庭庭. 福建省农村小水电退出与转型升级试点探讨[J]. 水利科技，2016(03)：53-56.
[38] 何志刚. 孔雀河下游生态输水现状及修复对策探析[J]. 陕西水利，2019(09)：39-40.
[39] 王教河，张延坤，朱景亮，等. 引察济向生态应急补水的分析[J]. 东北水利水电，2004(10)：40-41+48-72.
[40] D. 康奈尔，邬全丰，山松. 墨累—达令流域的水改革和联邦体制[J]. 水利水电快报，2012，33(9)：1-4.
[41] 陈昂，薛耀东，魏娜，等. 国外典型河流生态流量管理实践及启示[J]. 科技导报，2018，36(21).